您不可不知道的
幹細胞科技

沈家寧、郭紘志、黃效民、謝清河、賴佳昀、吳孟容
張苡珊、蘇鴻麟、潘宏川、林欣榮、陳婉昕 著

五南圖書出版公司 印行

◯ჼ 作者簡介

第一、二章
沈家寧

現任：中央研究院基因體中心幹細胞研究組副研究員

學歷：國立陽明大學醫學生物技術研究所碩士、英國巴斯大學
　　　生物生化系發育生物學博士

著作：已發表三十餘篇幹細胞與體細胞重新編程相關學術論文

科普著作：

1.『幹細胞學第三章』（教育部顧問室幹細胞與組織工程教學
　資源中心，2008初版、2012再版）

2.人造幹細胞（科學發展月刊414期）

3.體細胞重新編程技術與應用前景（中榮醫訊142期）

4.腫瘤幹細胞與癌症治療（科學月刊40期）

5.體細胞重新編程技術開發與應用（中央研究院週報—知識天
　地1390期）

第三章
郭紘志

現任：中央研究院細胞與個體生物研究所副研究員

學歷：英國倫敦大學國王學院生殖遺傳學博士

著作：已發表三十餘篇幹細胞相關學術論文

科普著作：

1.『幹細胞學第二章』（教育部顧問室幹細胞與組織工程教學
　資源中心，2008初版、2012再版）

2.幹細胞研究新里程：由歐巴馬解除胚幹細胞研究禁令談起（生物技術中心2009年生物技術產業年鑑）
3.誘導式全能性幹細胞應用之現況與前景（生物技術中心2010物技術產業年鑑）

第四、五、八章
黃效民

現任：食品工業發展研究所生物資源保存及研究中心資深研究員兼副主任

學歷：國立台灣大學農業化學系碩士、美國羅格斯大學微生物暨分子遺傳博士

專長：細胞培養、細胞品管和細胞庫管理

著作：已發表細胞研究相關論文九十餘篇。

科普著作：

1.『幹細胞學第八章』（教育部顧問室幹細胞與組織工程教學資源中心，2008初版、2012再版）
2.活躍的造血幹細胞（科學發展月刊414期）

第六章
謝清河

現任：

國立成功大學臨床醫學研究所外科暨醫工系　副教授

成大醫院　臨床醫學研究中心暨心血管外科　主治醫師

中央研究院　生物醫學科學研究所　合聘副研究員

美國華盛頓大學　生物工程系　兼任副教授

學歷：高雄醫學院醫學士、美國華盛頓大學生物工程學博士

著作：已發表數十篇幹細胞與心臟疾病治療相關論文

科普著作：

『幹細胞學第五章』（教育部顧問室幹細胞與組織工程教學資源中心，2008初版、2012再版）

賴佳昀

現任：中央研究院生物醫學研究所謝清河實驗室研究助理
學歷：清華大學物理系畢業

吳孟容

現任：中央研究院生物醫學研究所謝清河實驗室研究助理
學歷：國立中興大學生命科學系學士、國立陽明大學基因體科
　　　學研究所碩士

張苡珊

現任：成功大學臨床醫學研究所謝清河老師實驗室兼任行政助
　　　理
學歷：成功大學中國文學研究所就讀中

第七章

蘇鴻麟

現任：國立中興大學生命科學系副教授
學歷：國防醫學院生命科學研究所博士
著作：已發表三十餘篇幹細胞與病毒研究相關論文
科普著作：
胚幹細胞的建立（科學發展月刊414期）

潘宏川

現任：台中榮民總醫院神經外科主治醫師
　　　陽明大學醫學系副教授
學歷：陽明大學醫學士，國立中興大學博士
著作：已發表三十餘篇與神經疾病治療相關論文

林欣榮

現任：中國醫藥大學附設北港醫院院長
　　　中國醫藥大學附設安南醫院院長
學歷：美國紐約州立大學神經外科及生理學博士
著作：已發表上百篇幹細胞與神經疾病治療相關論文

第九章
陳婉昕

現任：工業技術研究院生醫所組織再生複合醫材技術組副組長
學歷：中研院與國防醫學院合辦之生命科學研究所博士
著作：已發表十餘篇幹細胞與細胞相關學術論文，發明專利20
　　　餘件
科普著作：『幹細胞學第十、十一章』（教育部顧問室幹細胞
　　　　　與組織工程教學資源中心，2008初版、2012再版）

目錄

⑧ 推薦序一

幹細胞的研究是近二十年來生物醫學的熱門話題，因為政治甚至宗教的考量也捲入幹細胞的話題，使得美國小布希前總統決定限制聯邦經費使用在人類胚胎幹細胞研究上面；相反地，美國加州在財政極為困難的狀況下，仍然撥出三十億美元來從事幹細胞相關的研究，這些重大的政策蘊涵幹細胞的研究對未來人類健康的重要性。在國內高強度臍帶血的廣告也使得即將成為父母的年青人迫切覺得必需要對幹細胞增添了解，究竟臍帶血的貯存是給予兒女最珍貴的禮物或純粹只是浪費金錢？今年諾貝爾醫學獎頒給了從事幹細胞研究的著名學者：約翰葛登（John Gurdon）和山中伸彌（Shinya Yamanaka），這勢必造成人們對幹細胞更熱中和關切，尤其山中伸彌的誘導式萬能幹細胞的成功，是不是已暗示孫悟空拔幾根毛就可以變一群小猴子的天方夜譚將是指日可待？當人們或動物很容易被複製時，生命的終點該如何定義？家庭和婚姻日後的演變又當如何？這一切的一切，都需要非專業人員對幹細胞有正確的了解，這些日子很多科普的知識可以Google一下或到wiki百科就可以找到大部分要的答案，然而幹細胞的知識太多、太廣、太複雜也變化的太快，必需要有專業的人員做深入淺出的介紹，才能讓讀者窺其全貌，可惜大多數頂尖的幹細胞科學家太過忙於他們的研究工作或不善於深入簡出的科普介紹，遲遲沒有膾炙人口的書刊公諸於世，這不僅在台灣如此，在國外亦然，能在此時見到這一本深入又易懂的好書真令人喜出望外。

　　此書係由多位台灣最傑出的年青生物醫學科學家所合力創作的，每一位就他們的特長撰寫相關的章節，一般這種多作者的書籍常有上下連貫的缺陷、或者相似的論點重複在不同的章節中。閱讀此書，只覺得精簡扼要連貫一氣，像是出自一人手筆、而深入卓絕之處確定唯有出自個中大師才能拿捏得恰到分寸。

　　本書主要作者均是難得的青年才俊、他們在撰寫研究論文及升遷的壓力下，尚願意花費他們極寶貴的時間，來撰寫對社會有重大貢獻的科普書刊，誠定難能可貴，這也反應出這一代的年青人是有許多有智慧、有理想和肯奉獻的科學工作者，能有幸寫此短序，倍覺與有榮焉，也相信這本書不久就可以飄洋過海，散見於世界每一個角落。

陳仲瑄

寫于中央研究院基因體研究中心

2013年春

推薦人簡歷：

現任：

中央研究院基因體研究中心主任

中央研究院院士

『美國科學促進學會』（American Association for the Advancement of Science，簡稱AAAS）會士

推薦序二

　　當汽車拋錨時我們會將它拖到維修廠檢修，如發現損毀的零件，就會更換新的，使車子恢復正常功能。當人們因疾病或老化的原因，而造成組織或器官受損，人們是否也可以透過更換組織器官來恢復健康呢？其實這樣的概念已運用在現代醫學中，包括「輸血」、「骨髓移植」與「器官移植」都是常見的例子。但是，車子的零件短缺可以透過製造生產來補充，但短缺組織器官細胞要如何來製造呢？

　　近來開發的「幹細胞治療」技術提供了一條新的方向，當病人的心肌梗塞造成部分壞死，以致心臟無法正常跳動時，除了心臟移植選擇外，也可以把幹細胞打進壞死的心肌附近，促使其生長出健康的心肌，如此心臟就可恢復正常運作，這就是「幹細胞治療」的基本概念。然而，心臟移植跟幹細胞移植有什麼差異呢？甚麼是幹細胞呢？幹細胞的技術進展為何？甚麼樣的疾病可以用幹細胞來治療呢？為了讓大家能進一步找到問題的答案，「您不可不知道的幹細胞科技」本書邀請國內實際從事幹細胞研究也身兼台灣幹細胞學會理監事的學者們一同撰寫本書，除了讓讀者對幹細胞的性質有些基本認識外，也循序漸進地熟悉萬能胚幹細胞，明瞭造血及間葉幹細胞分離培養擴增及體外分化技術，並介紹幹細胞保存之關鍵技術。進一步為了讓大家瞭解甚麼樣的疾病可以用幹細胞來治療，本書還介紹幹細胞如何運於心臟再生與神經性疾病的修復，以及國內外幹細胞生技發展現況。

　　然而近年來，在泰國、韓國、俄羅斯等地都傳出病患在接受幹細胞治療後突然死亡的消息；而探究其死因，都是在體內的其他部位生長出不該有的東西，這表示幹細胞的醫療應用，在分化的「控制性」方面是一個大挑戰；所以包括醫學技術領先的美國，其政府部門對於幹細胞的臨床運用卻採取嚴格的管制態度，例如美國食品藥物管理局（Food and Drug Administration, FDA）目前僅針對脊椎與視網膜再生這兩方面的疾病，開放第一期胚胎幹細胞治療的臨床試驗。在本書的各章節也向讀者說明，幹細胞科技尚屬原創期的科學，因此還有許多技術瓶頸尚未完全克服，目前幹細胞治療大多在臨床試驗階段，還具有很高風險，不過預期未來確實會為人類醫療帶來很大的貢獻。

　　幹細胞的利用無疑地將開啓了「再生醫學」的大門，世界主要的國家無不爭相投入大量的經費進行大規模研究與發展，台灣在八年前開始就成立台灣幹細胞學會，籌辦國際研討會以促進國際交流，邀請包括今年諾貝爾醫學獎得主山中伸彌等國際知名學者來台外，近年來更推動國科會成立「幹細胞與再生醫學學門」與「幹細胞及再生生物醫學計畫辦公室」鼓勵相關研究之發展，以確保我國在相關領域研究之國際競爭力。

何弘能

寫于台大醫學院

2013年春

推薦人簡歷：

現任：

台灣幹細胞學會理事長

台大醫學院副院長

台大醫學院婦產科暨免疫研究所教授

❦ 前言

　　每天一打開電視，臍帶血銀行的廣告不停的在電視上強力曝光，除了藝人外，前總統女婿及台灣之光棒球好手王建民也在廣告中鼓吹大家保存幹細胞，幹細胞看似疾病的萬靈丹，前景一片看好！但是幹細胞科技是否已經發展如廣告所描繪的那麼美好嗎？幹細胞科技目前是否已經成熟到可以改善醫療上束手無策的疾病嗎？

　　幹細胞這個名稱最早出現在科學的文獻是在1868由德國生物學學家恩斯特‧海克爾（Ernst Haeckel）率先提出來以形容多細胞生物個體在演化上的細胞起源，進一步地在再由生物學家艾德蒙‧威爾遜（Edmund B. Wilson）在1896年以幹細胞這個名稱普及化用來描述未分化的生殖腺母細胞。幹細胞是處於未分化狀態的原始細胞，它之所以廣受矚目在於能夠進行自我更新的增殖，並且具有分化成為各種功能細胞的潛力，因此具有潛力應用在移植修復人類受損的組織和治療棘手的退化性疾病上。

　　然而因為幹細胞可以應用於器官修復的潛能，吸引大眾的目光，也因此有許多不肖的業者也開始濫用幹細胞科技的名稱來誤導，甚至欺騙消費者；許多產品陸續掛上「幹細胞」的名稱，一般的皮膚保養的蛋白質成份，可能會冠上「幹細胞生長因子」的名稱，還有業者號稱可以利用幹細胞「抗老化」或

「回春」，甚至最近還有業者宣稱可以利用臍帶移植來對抗癌症，這些事件的產生除了說明大眾對幹細胞功能的高度期待外，甚至也可以反應出大眾對幹細胞這門新興科技的不了解。所以當五南出版社的王正華主編來找我的時候，為了讓大家能夠清楚了解幹細胞科技的內涵及發展現況，更為了釐清大家對幹細胞科技的誤解，並避免受到不肖業者的誤導欺騙，所以決定開始撰寫本書。

本書邀請國內實際從事幹細胞研究的學界之專家來一同撰寫本書，本書開始的第一、二章由個人負責撰寫，期望能讓讀者對幹細胞的性質有些基本認識。第三章則由中研院細胞暨個體生物研究所郭紘志博士以其豐富的教學及研究經驗負責引導讀者熟悉萬能的胚幹細胞。第四、五及第八章則由國內幹細胞庫的負責人及生資中心黃效民副主任撰寫，除了深入淺出地解釋造血及間葉幹細胞分離培養擴增及體外分化，並進一步說明幹細胞保存之關鍵技術。第六章則由具有臨床專業的成功大學臨醫所謝清河教授及其實驗室的研究人員吳孟容、賴佳昀及張苡珊一同撰文介紹心臟修復與再生並說明心臟疾病之細胞療法的發展。第七章則是由中興大學蘇鴻麟教授協同北港媽祖醫院林欣榮院長及台中榮民總醫院潘宏川醫師介紹幹細胞如何運於神經性疾病的修復。最後第九章則是由工研院陳婉昕博士參考國內外目前的生技產業，為幹細胞研究之市場發展做全面性介紹。

通常經歷過嚴重心臟病發作的病患，心臟會永久受損。而日前波里醫師（Robert Bolli）所領導的研究團隊成功由病患

自身的心臟培育出幹細胞，並將其注入嚴重受損的人類心臟，使患者病況獲得顯著改善之後，獲得美國商業《富比世》雜誌（Forbes）大幅報導，這除了說明幹細胞科技確實會為未來人類醫療帶來很大的貢獻，並且幹細胞科技也將帶動整個生技產業的蓬勃發展，所近年來幹細胞的研究進展不斷地佔據了媒體的版面，但讀者必須要了解幹細胞科技屬原創期的科學，因此對病人倉促應用一個未成熟之技術，是否為正當施行的醫療行為，其中的界限是相當模糊，一方面醫療發展必須要測試尚有瑕疵的醫學知識，但另一方面也要考慮潛在的風險，雖然幹細胞科技目前大多尚未成功地應用在疾病治療上，不過預期未來確實會為人類醫療帶來很大的貢獻。所以希望本書可以提供對先端幹細胞科技有興趣的讀者作為參考之用。

　　在本書出版前夕，2012年的諾貝爾醫學獎頒給了約翰葛登及山中伸彌教授，由於他們在體細胞重新編程技術的開發，將大大改變幹細胞科技的發展方向。由於幹細胞科技發展快速，新技術、新發現以及新理論不斷湧現，所以也許讀者在讀過本書之後會有不同的觀點及想法，所以還望讀者能針對本書踴躍提出建言，本書會針對讀者的建議及如果幹細胞科技進展，在改版時進行更新。最後感激本書協助編輯及繪圖的相關編輯人員協助校稿。

沈家寧

于中央研究院幹細胞實驗室

Chapter 1

甚麼是幹細胞

沈家寧

一、生命的最小單元 —— 細胞

細胞（cell）是生命的基礎單元，最早是在17世紀，由羅伯特·虎克（Robert Hooke）及雷文·霍克（Antonie van Leeuwenhoek）分別利用自製的光學顯微鏡所發現的。虎克在用顯微鏡觀察軟木塞的薄切片時，看到細胞以一格一格的排列，所以以英文「cell」來命名，事實上他所看到的是死亡植物細胞的細胞壁。真正發現活細胞的是荷蘭的生物學家霍克，經由手工自製的顯微鏡，看到牙垢中的細菌及水中的原生動物，並且描述及命名這些單細胞生物為「微動物（animalcules）」。

十九世紀初法國科學家拉馬克（Jean-Baptiste de Lamarck）於是率先提出「所有生物體都由細胞所組成，細胞裡面都含有些會流動的『液體』」。接下來，法國生理學家杜托息（Henri Dutrochet）進一步提出「細胞假說」支持這個說法，在論文中提出「細胞確實是生物體的基本構造」，事實上因為杜托息所觀察的植物細胞比動物細胞多了細胞壁，因此在當時觀察技術還不成熟的時候，植物細胞比較容易觀察，也因此這個說法先被植物學者接受。到了十九世紀初中期，德國動物學家許旺（Theodor Schwann）進一步確定了動物細胞裡有細胞核，核的周圍有液狀物質，在外圈還有一層膜，但卻沒有細胞壁。同時期德國植物學家許萊登（Matthias Schleiden），也在植物細胞裡發現細胞核，兩者的研究結果類似，都認為「動植物皆由細胞及細胞的衍生物所構成」。後來科學家陸續發現證據，證明細胞都是從原來就存在的細胞分裂而來，而細胞為一切生物的構造單位及生理單位。

　　細胞通常都很小，要用顯微鏡才能觀察到，構成細胞的主要物質為水、醣類、脂質、蛋白質和核酸等。一般細胞的基本構造可分細胞膜、細胞質和細胞核三部份（圖1-1）：

1. 細胞膜：位於細胞表面，主要由磷脂質和醣蛋白所構成，能控制細胞內外物質的進出，並維持細胞的完整性；

2. 細胞核：是細胞的生命中樞，核內的染色質主要是由DNA和蛋白質組成的，用以儲存細胞的遺傳訊息；

3. 細胞質：介於細胞膜和細胞核之間，有多種胞器散布其間，這些胞器大多都是有外膜構造的，以便進行不同的化學反應而不互相干擾，因為細胞種類不同，胞器的種類及數量會有些許差異，如肝細胞有很多粒腺體，綠色植物具有的葉綠體。

　　因此，雖然細胞是生物體構造與機能的基本單位，但是並非所有的生物細胞都相同，即使在同一個個體內，也有因為分化而產生各式各樣外觀與功能不同的細胞，即使相同種類的細胞，也

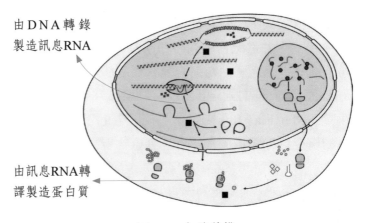

由DNA轉錄
製造訊息RNA

由訊息RNA轉
譯製造蛋白質

圖1-1　細胞結構

可能正在執行的生理工作也有差異，但是基本上彼此都有共同的基本構造。不同的細胞會有不同的形態及具有不同的功能，此外植物細胞特別具有細胞壁的構造，它位於細胞膜的外面，對植物細胞有支持的作用。

二、細胞分化

細胞分化（cell differentiation）是多細胞動植物在發育過程或器官組織更新中，同源細胞透過有絲分裂產生子代細胞，當子代細胞的基因表達因受到差異性的調控，產生形態、結構與功能特徵的改變；換言之，使得子代細胞變成不同細胞類型，因基因表現的改變使得細胞之間產生穩定差異的過程就是細胞分化。比如說，多細胞動物是由一個受精卵發育而來，受精卵是一個細胞，在個體發育的初期，透過有絲分裂使細胞數目不斷增加，並同時開始進行細胞分化，在胚胎發育時即產生具備不同的結構與功能的細胞，最後由不同細胞分別形成各式各樣的組織及器官，例如在發育的時候，胚胎細胞會分化成肝細胞（hepatocyte）、膽管細胞（cholangiocyte）、血管內皮細胞（endothelial cell）及星狀細胞（stellate cell），然後這些細胞組成個體的肝臟。

然而，如何決定該分化成何種細胞呢？此外這些細胞分化所依循的規則為何呢？在科學家尚未解開基因序列及調控規則的年代，有兩種不同的學說來解釋細胞分化的規則以及說明在細胞分化完成後，可以進入一個穩定的狀態，以維持組織器官的恆定。第一種是拋棄說，即每一個細胞分化時，可以選擇性的丟掉不

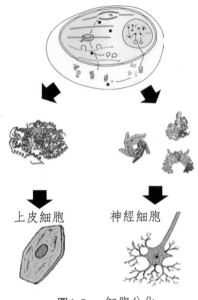

上皮細胞　　神經細胞

<u>圖1-2</u>　細胞分化

需要的遺傳密碼訊息；第二種是開關說，細胞分化時開啟特定的基因，其他不需要的基因會被關閉。在科學家逐漸解開基因調控的機制後明瞭細胞分化的規則是透過基因選擇性表達的結果，在個體發育過程中，基因按照一定程序相繼活化或順序表達（sequential expression），亦即在同一時間內不是所有的基因都具活性，而是僅開啟特定的基因，其他不需要的基因則不表達，這些在特定組織細胞表達的基因又可稱之為組織特異性基因（tissue-specific gene），另外還有一類是維持細胞最基本生命活動的基因，這類基因稱管家基因（house-keeping gene），雖然管家基因與細胞分化並無直接關係，這是大多數細胞都需具備

的,透過開啟管家基因以製造基本生命活動所必需的結構和功能蛋白,包括與細胞分裂、能量產生與代謝、細胞基本結構組成等相關蛋白質。

　　細胞分化完成後,透過僅開啟特定的基因,其他不需要的基因則不表達,可以進入一個穩定的狀態,但是這樣的一個狀態是否為不可逆的?2012年諾貝爾醫學獎得主英國科學家約翰・葛登(John Gordon)於1962年透過複製青蛙的實驗來說明在發育過程中,被關掉的基因是有可能重新啟動的。葛登教授從蝌蚪的小腸壁取得一完全分化之細胞,將其細胞核注射至卵細胞內,並刺激卵細胞分裂,這樣的核轉移實驗能夠重新活化在發育過程中被關掉的基因,然後長成一完整之複製青蛙,這個經典實驗說明即使分化完全的細胞依然帶有完整之遺傳訊息,並且在發育過程中被關掉的基因可以重新被啟動。

三、組織再生

　　自然界的生物基本上可分成單細胞生物及多細胞生物兩大類,其中單細胞生物包括細菌、草履蟲等原生生物是以單一細胞構成個體,並藉由細胞分裂來繁衍;而多細胞生物顧名思義是由多個細胞組成個體,在多細胞生物個體中,透過形成不同機能的細胞而構建具特定功能的組織及器官,以維持個體所需;雖然多細胞生物也會透過細胞分裂來增加細胞數目,但是得經過發育的過程,分化產生不同機能的細胞、組織及器官,以形成獨立個體;重要是伴隨細胞分化的程度,其細胞增殖能力也下降,因此

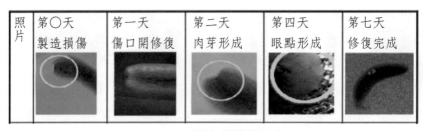

照片	第〇天 製造損傷	第一天 傷口開修復	第二天 肉芽形成	第四天 眼點形成	第七天 修復完成

圖1-3　渦蟲斷裂後再生

在成熟的個體，如果組織或器官受到傷害，細胞必須能重新回復到具增殖能力的狀態，才能修復缺損的組織或器官，而高度分化的個體生物如人類，大部分的細胞都沒辦法重新回復到具增殖能力的狀態，因此大多數的器官損壞後就沒辦法再生（regeneration）。

比較低度分化的動物就保有組織或個體再生的能力，例如扁形動物門的渦蟲，就具有在被截斷後，身體部位能夠再生的獨特能力，這些部位包括頭部和尾部，換言之，當渦蟲在個體受傷或被切成兩段的時候，可以行再生作用長出兩個完整的個體，而其原因是渦蟲體內各處具有能增殖分化的細胞，可以行完整組織和個體的修復。此外，比較低度分化的兩生動物門的蠑螈，其尾巴，四肢和雙眼在損傷後也能再生。相反地，高度分化的人類，其組織再生能力就比較低；比如說，人的皮膚小傷口大致可以復元，但如果受傷面積很大，就要靠植皮才能修復；而在部分肝臟切除後，肝臟也能夠透過細胞的增殖再生。但是，人類一旦失去手足或大多數的內臟機能嚴重損壞之後，便很難恢復。

人體組織或器官因老化或退化性疾病導致的功能異常，通常無法由藥物治癒；目前主要依靠臟器移植來挽救患者生命，然而

遺憾的是，器官的移植還有許多難點需要克服，其中臟器移植面臨的最大難題是能夠提供的臟器「絕對缺乏」，而且即使移植成功，由於不是自體的器官，患者必須不斷服用具有副作用的免疫抑制劑，以控制免疫排斥反應。且現階段的人工臟器還不能充分發揮功能，由於製作臟器的人工材料還不能與機體很好地相容，例如，移植心臟人工瓣膜的病患為了預防血栓，就必須每天服用藥劑。

若是能憑藉自體擁有的再生能力讓已喪失或損壞的組織和器官重新再長出來的話，那是最理想的，以此為目標便是新興再生醫學領域產生的背景。但到底要怎樣才能讓失去的組織或器官再生呢？從這些低度分化的動物組織再生研究發現，要讓組織再生，就必須具備能夠增殖分化以構成機體組織的細胞，這些細胞就是幹細胞（stem cells）。

 ## 四、發現組織再生的關鍵幹細胞

甚麼是幹細胞呢？幹細胞被認為是具有增殖和自我複製（自我更新）能力的細胞，並且存在組織器官內，能夠分化為具有不同功能的組織細胞。再生醫學的目標之一就是找尋、分離並保存幹細胞，以便在某種組織或器官損壞的時候，能利用幹細胞來修復。

幹細胞所具有的特性包括：

1.一群尚未完全分化的細胞。

2.具有分裂增殖成另一個與本身完全相同的細胞，以及分化成為具有不同功能的體細胞的能力。

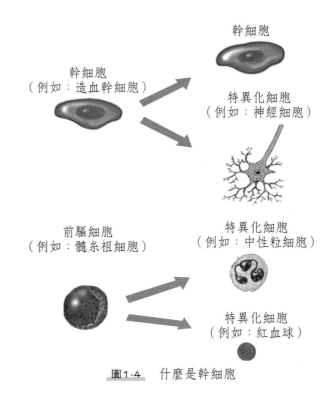

幹細胞

幹細胞
（例如：造血幹細胞）

特異化細胞
（例如：神經細胞）

前驅細胞
（例如：髓系祖細胞）

特異化細胞
（例如：中性粒細胞）

特異化細胞
（例如：紅血球）

圖1-4　什麼是幹細胞

3. 在生命體由胚胎發育到成熟個體的過程中，扮演最關鍵性的角色。

4. 幹細胞也存在於成體的組織及器官中，擔負著組織更新及受傷修復等重責大任。

　　幹細胞這個名稱最早出現在科學的文獻是在1868年由德國生物學家恩斯特・海克爾（Ernst Haeckel）率先提出來以德文字stammzelle來形容多細胞生物在演化上的單細胞起源，進一步地在1877年以這個字來說明在胚胎發育的受精卵或是多細胞個

體發育的前驅細胞。幹細胞的英文名稱stem cells是由生物學家艾德蒙‧威爾遜（Edmund B. Wilson）在1896年撰寫細胞與發育遺傳一書時所提出，並進一步將幹細胞這個名稱普及化並用在描述生殖腺發育的過程的未分化的生殖腺母細胞。而在19世紀末至20世紀，科學家在揭開造血機制的過程中，也陸續開始以幹細胞這個名稱描述血液細胞的前驅細胞；一直到70年代在研究骨髓細胞的造血系統發現了造血幹細胞（hematopoietic stem cells），由此正式建構了現代幹細胞學的基礎觀念及系統。

　　幹細胞是處於未分化狀態的原始細胞，它之所以廣受矚目在於能夠進行自我更新的增殖，並且具有分化（differentiation）成為各種功能細胞的潛能。早在19世紀末，科學家在研究海膽胚胎發育時，就發現早期的胚胎細胞具有分化生成海膽各式各樣細胞的潛能，當時這些細胞被稱做「未決定細胞」（uncommitted cells）。進一步的研究使得科學家發現這些發育初期的原始細胞是各種細胞的起源。近年來，科學家發現幹細胞不僅存在於早期的胚胎中，也可以在許多的成體組織中找到，因此把從早期胚胎分離出來的幹細胞命名為胚幹細胞（embryonic stem cells）或胎幹細胞（fetal stem cells），而從皮膚、骨髓、臍帶血、角膜等成體組織所得到的幹細胞，就稱為成體幹細胞（adult stem cells）或體幹細胞（somatic stem cells）。幹細胞對於生物體由胚胎到發育成為成熟個體過程以及成體組織修復等扮演極為重要的角色。越來越多實驗結果顯示，存在成體組織的特定體幹細胞，具有自幹細胞形成先驅細胞再成為成熟功能細胞的分化能力，因此幹細胞可能可以應用在組織修復及器官再生。

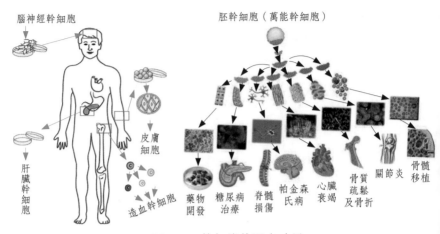

腦神經幹細胞

胚幹細胞（萬能幹細胞）

肝臟幹細胞

造血幹細胞

皮膚細胞

藥物開發　糖尿病治療　脊髓損傷　帕金森氏病　心臟衰竭　骨質疏鬆及骨折　關節炎　骨髓移植

圖1-5　幹細胞的潛在功用

　　目前研究發現大部分從組織分離出來的體幹細胞，只能變成有限的幾種組織細胞；但是從早期發育的囊胚所分離出來的胚幹細胞就是所謂的多潛能幹細胞或萬能幹細胞（pluripotent stem cells），能夠分化成為各種功能的組織細胞。例如最近研究發現胚幹細胞可以分化成為神經細胞，並且在移植到神經損傷的小鼠後，可以產生具功能的神經元細胞，以修復小鼠腦部組織的損傷，顯示幹細胞具有潛能可以應用在修復人類受損的組織和治療棘手的退化性疾病的發展上。

　　目前的研究顯示，幹細胞有下列兩項用途：

1. 生產供移植用的細胞、組織或器官。若將幹細胞以特定方法刺激，使其分化成為所需的細胞型態，再用這些細胞構築組織或器官移植入病患上，以取代或修補不正常或壞死的細胞、組織或器官。

2.用在改善藥物發展或檢驗藥物安全及效力。先以幹細胞所分化
　形成的細胞（如：肝細胞、皮膚細胞）測試新開發的藥物，
　待證實其效力及安全性後，再進行下一步驟的動物及人體試
　驗，如此可減少生命的損失，並可提昇藥物安全性及效力。

五、幹細胞與再生醫療

　　人體組織或器官可能因老化、感染或是退化性疾病的原因而
損壞或功能異常，這樣的情形往往無法利用藥物來治癒，所以得
依靠器官移植來救助這些患者。然而遺憾的是，器官移植面臨的
最大難題是能夠提供移植的器官「絕對缺乏」，由於器官捐贈的
人數遠遠不足，這使得許多需要移植器官的患者在等待的過程失
去生命，此外即使移植成功，由於不是本人的臟器，患者必須不
斷服用具有副作用的免疫抑制劑，以控制排斥反應。所以，因為
幹細胞能夠自我更新，並且具有分化成為各式各樣細胞的潛力，
因此被賦予高度的期望，將可應用在移植修復人類受損的組織和
治療棘手的退化性疾病上。

　　然而工欲善其事，必先利其器。為了促成組織的再生或修
復，首先必須掌握調節細胞增殖和分化的因子。組織的再生在體
內、體外都可以進行，在促進組織再生時，除了幹細胞，必須要
先了解控制幹細胞自我更新及分化的機轉，例如，給予什麼適當
處理或刺激，可以激活幹細胞進行分化，或細胞增殖需要給予甚
麼特定基質與生長因子等。此外，如果不能採用來自患者本身的
細胞，就只能採用來自別人的細胞。在這種情況下，就得想辦法
克服免疫排斥反應或透過遺傳基因重組去除細胞的抗原性。

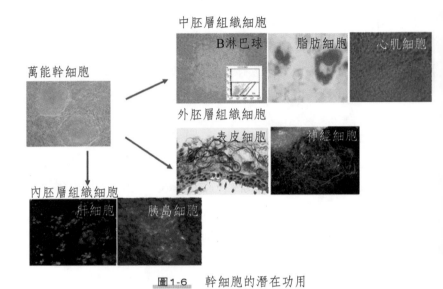

中胚層組織細胞

B淋巴球　　脂肪細胞　　心肌細胞

萬能幹細胞

外胚層組織細胞

表皮細胞　　神經細胞

內胚層組織細胞

肝細胞　　胰島細胞

圖1-6　　幹細胞的潛在功用

一、生產供移植用的組織或器官

二、改變藥物發展的方式和改善檢驗藥物安全及效力的方法。

　　此外，應用幹細胞在體內修復人類受損的組織，更必須考慮到移植的體內環境等因素。幹細胞治療主要的瓶頸在於，當幹細胞移植在受損的器官，缺乏構築細胞的支撐結構及環境因子，使得這些移植細胞無法正確的作用並進行器官組織的修復；換言之，在再生醫療的發展中，要讓器官再生，就必須在分化增殖幹細胞的同時，構築細胞的支撐組織或支架，目前的方式是透過利用可降解的生醫材料，如基質膠原蛋白、水膠或胜肽聚合物以建構立體支架，使得細胞能夠進入其中，而且由於這些材料在機體內能被分解，可以隨著組織再生吸收。例如，針對較大規模的皮膚傷口，先在體外利用膠原蛋白為立體支架培育角質細胞（ke-

ratinocytes）成為皮膚組織在移植於傷口上。此外，科學家也嘗
驗了關節軟骨再生，比如，讓採自患者的正常軟骨前驅細胞或是
間質幹細胞在體外增殖分化成為軟骨細胞，再將細胞預先植入特
定的支架後，再移入病患部位促使軟骨組織在體內開始再生。

　　目前科學界大量利用動物實驗進行幹細胞移植以促進組織的
修復及再生研究，但目前的結果僅能達到組織部分修復，類似像
心臟、腎臟、肝臟和胰臟這樣的由重要組織組成的體內臟器，僅
用人工材料的概念上不足以製造完整的器官，現階段的發展，科
學家是充分利用細胞及材料複合體製造人工臟器（artificial or-
gans），例如，人工肝臟便是可以短時間內應用在肝衰竭病患之
體外循環。基本上，人工肝臟利用捐贈者和動物的肝細胞，透過
體外循環來調節病人的代謝，分解血液中的毒素，代替病人的肝
臟功能，以幫助患者在等待肝臟移植的時間存活下來，目前在歐
洲和美國，生物人工肝臟已經被應用在對患者的治療。

　　因為人體的器官是由多種組織細胞所構建而成3D立體結
構，這樣的結構，是在胚胎發育時，透過非常嚴密複雜的程序而
產生，而透過目前對低等生物如蠑螈和水螅器官再生的研究發
現，再生的過程必須能以大致相同的構造重建器官；但是在器官
受損時，單靠幹細胞移植是無法透過原先發育途徑重建器官。器
官要能再生，就必須在幹細胞增殖分化的同時，以支持細胞及細
胞外基質構築細胞的支撐組織，此外，還必須在組織內構建血
管及神經網路。為了解決這個未來應用幹細胞在器官再生可能
面臨的問題，目前歐美科學家正嘗試開發器官列印技術（organ
printing technology）。器官列印技術基本上是所謂3D立體列印

技術（3D printing technology）概念的延伸，3D立體列印技術就是可以印表機列印出真實物體的立體結構的技術，3D印表機前身稱為「快速成型機」，透過3D軟體的解析及三角網格格式轉換，再結合切層軟體確定擺放方位和切層路徑，並進行切層工作和相關支撐材料的構造，最後使用噴頭將固態的線型成型材料加熱成半熔融狀態之後擠出來，和支撐材料自下而上，一次一層的構鑄成最終實體，簡單可以理解為利用電腦運算把待列印的立體物體分成若干個橫截面，而3D印表機將這些橫截面一次一層的沉澱、堆疊，最終成為立體實體結構。而器官列印技術，也是參照了類似的噴墨列印。首先製造所謂的生物墨水，它的作用等同於普通印表機的油墨，只不過它是含有幹細胞或特定組織細胞的特製溶液，在列印時，將組織細胞的特製溶液噴射到可生物降解的材料上，以水膠或特定的生物性黏著劑使細胞能附著在特定位置，再將數千張平面材料一張張地堆疊起來；再紙張降解，細胞原封不動地留下來，形成立體結構，例如，活的三維組織、血管和器官。

日前美國新創公司Organovo率先推出NovoGene 3D生物印表機，以NovoGene 3D組織列印技術，目前已成功做出類似短血管等簡單組織，此3D生物印表機有兩個自動雷射校正噴頭，其中一個噴出從病患身上直接並經大量增生培養的細胞溶液，另一個則噴出水膠（hydrogel），當成細胞的支架，讓細胞能貼附生長。這兩個噴頭在一張有機可生物分解的紙上，一點一滴地噴出第一層後，再鋪上一層紙，繼續噴上另外一層，經過約莫1小時的層層堆疊後，一條5公分長的血管便初步成形，隨後這些

從病人分離幹細胞及組織細胞

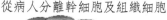

體外培養增生及誘導分化

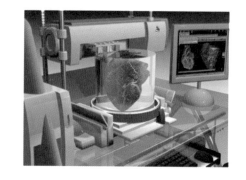

製作生物列印墨水

立體（3D）列印

立體組織

培養　降解

圖1-7　從細胞到列印3D組織和器官

紙便自動溶解，所有的細胞會在24小時內自行融合，之後再送到培養室去，讓這些細胞在生物反應槽中增殖分化，理論上血管就可以植入病人體內，因為這是可以從病人自己的幹細胞製造出來的，屬於自體移植，理論上可以降低免疫排斥反應。雖然現在只能列印出結構比較簡單的血管和心臟肌肉細胞，但科學家們相信，不久之後就可列印出皮膚等結構較簡單的人體器官；甚至二十至三十年後可列印肝臟、心臟或腎臟等複雜的器官，用來移植到需要的病人身上。

Chapter 2

體幹細胞的可塑性

沈家寧

一、組織器官中的幹細胞

體幹細胞（somatic stem cells）是存在於組織或成體器官中的一種未完全分化細胞，體幹細胞之所以廣受四方矚目在於它能夠因應組織器官更新或受損，進行增生並且分化成為具有特定功能的細胞，針對一些退化性的疾病，體幹細胞的存在代表著治療的契機，例如帕金森氏症、脊髓損傷或中風等退化性的疾病，因為成年人的腦神經或脊神經退化損傷之後就無法再生，所以這些疾病到目前為止並沒有辦法治療，但最近研究發現腦幹細胞可以變成神經細胞，並且在移植到小鼠或猴子後，可以產生新的神經細胞來修復腦部或周邊神經組織的損傷，這表示幹細胞有潛力可以應用在修復人類受損的組織及治療棘手的退化性疾病。

近年來，科學家們發現幹細胞不僅存在於早期的胚胎中，也可以在許多的成體的組織中找到，所以體幹細胞又常被稱為成體幹細胞（adult stem cells）。基本上，成體幹細胞的角色是補充在正常代謝下，損失的組織細胞；而這些細胞存在於成體組織器官中的特定位置，透過這特定位置的微環境提供生長因子，他們能在組織更新或損傷時，自我複製且分化成具特定功能的組織細胞。

在胚胎發育初期時，所有的細胞都具備幹細胞的特性，它們除了能複製自己以外，還能分化為個體所有種類的細胞。隨著複製的進行，細胞數量愈來愈多，以及發育的過程，這些分化後的細胞則逐漸失去其分化的潛力。在成體的某些組織裡還是蘊含微量的幹細胞，這些細胞的作用主要是修復受損或是因老化而死傷

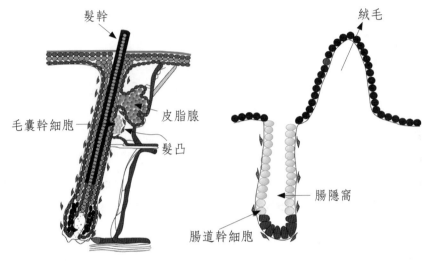

圖2-1　組織幹細胞

的組織細胞，像是皮膚及腸道的幹細胞，它們的主要功能在於生成新的細胞，以替補脫落的皮膚細胞和受傷的腸道細胞。

　　大約在1960年代科學家陸續在成人的骨髓找到了造血幹細胞（hematopoietic stem cells，HSC），在1961年時候，加拿大的科學家詹姆·提爾（James Till）和歐內斯特·麥卡洛克（Ernest McCulloch）證實了存在於骨髓的先驅細胞可在形成多品系的血球細胞株（multilineage hematopoietic clonies），當時他們便猜測在人體中應該有所謂的多能幹細胞（multipotent stem cells）存在。造血幹細胞在骨髓中持續自我增生及能夠分化出血液中所有細胞的成分，相較於其他體幹細胞而言，由於造血幹細胞的懸浮性被研究與操作的時間較為久遠，所以有明確的細胞表面標記可供辨識及進行專一性的細胞分離，造血幹細胞除了存

在骨髓中、也可以在臍帶血、胎盤及成人周邊血液中發現，並且進一步應用在重建血液及免疫系統的相關移植治療。

其實，在成人的骨髓中發現至少有兩種幹細胞：造血幹細胞以及間葉幹細胞（mesenchymal stem cells，MSC），在1970年代，美國國家衛生總署的科學家亞力山大·弗萊德史丹（Alexander Friedenstein）有個石破天驚的發現，他研究若將大鼠的骨髓移植到另一隻同品系大鼠的腎臟內，所移植的骨髓細胞會有骨骼及軟骨組織的形成，於是證實了骨髓當中除了造血細胞以外，亦存有一些結締組織之前驅細胞。到了1980年代，英國牛津大學的茉莉·歐文教授（Maureen Owen）更進一步發現將骨髓做體外培養時，存有另一群會貼附於培養皿底部的細胞。她針對這些貼附型的細胞做進一步的研究發現持續不斷培養這些細胞時會形成一個個的細胞群落，而這些細胞群落在體外能分化成為硬骨骼及脂肪細胞。

體幹細胞是存在組織器官特殊微量的細胞群，但它們既具有自我更新的能力（self-renewal），又具有在組織器官多面向分化的潛能（multilineage differentiation）以完成組織器官的更新與修復，所以可以根據其組織器官的名稱進行幹細胞的分類與命名。目前已經可以從許多組織或器官中成功地分離出幹細胞，不僅可以自骨髓分離造血及間葉幹細胞，也可從包括皮膚（表皮幹細胞（epidermal stem cells））、腦（神經幹細胞（neural stem cell））、眼睛（視網膜幹細胞（retinal stem cell））及肝臟（肝臟幹細胞（hepatic stem cells））等成體器官分離出幹細胞；在1980代末期，陸續發現新生嬰兒的臍帶及胎盤血液中也

含有大量的造血幹細胞；在過去，臍帶血及胎盤被當作醫療廢棄物被丟棄，而現在由於臍帶血及胎盤含造血幹細胞，不但取得容易，而且具有較低的抗原性，所以被視為珍貴的幹細胞來源，所以在世界各國，臍帶血的捐贈與儲存也蔚為風潮。由於不僅成體組織可以找分離出幹細胞，甚至從臍帶血及胎盤等組織也可以分離出幹細胞。所以國際幹細胞學會的專家們在2005年決議將這些組織或器官的幹細胞統一名稱歸類為體幹細胞（somatic stem cells）。

 二、體幹細胞可塑性

相較於胚胎幹細胞中，幹細胞從成體組織器官分離時比較不會引起倫理道德的爭議，在體幹細胞中，尤其以來自骨髓的造血幹細胞及間葉幹細胞被研究的最徹底，前者具有可分化成各類血球細胞及免疫細胞的功能，並且已經應用在白血病、淋巴瘤、遺傳性疾病如地中海型貧血、黏多醣症、血液再生不良、先天免疫不全及自體免疫等疾病的臨床移植治療，也可用在癌症化療後造血系統的再生；後者則可被誘導分化成脂肪細胞、軟骨細胞、硬骨細胞、肌腱細胞、造血細胞支持基質。重要的是近來科學家發現，這些未分化的體幹細胞除了分化出其來源組織的功能細胞外，還可分化成其他組織的功能細胞，這就是體幹細胞的可塑性。例如科學家在十年前陸續發現移植的成年骨髓能分化成肌肉、皮膚、肝和神經細胞等。這些體幹細胞的分化可塑性，不但改變了原先對於體幹細胞分化能力受限制的看法，更大大的提昇

了體幹細胞在組織工程（tissue engineering）及再生醫學（regenerative medicine）的應用價值，目前束手無策的疾病包括脊髓索受傷（spinal cord injury）、肝硬化、中風（stroke）、老年性痴呆症（Alzheimer's disease）、巴金森氏症（Parkinson's disease）等，都可望應用這些體幹細胞移植來進行治療。

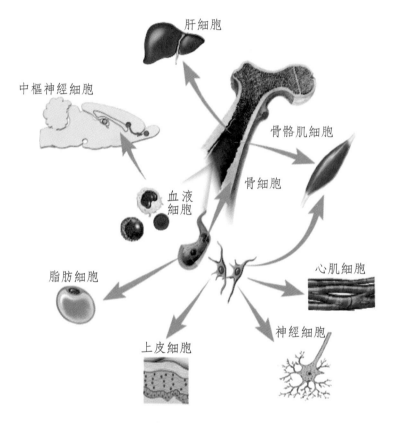

肝細胞

中樞神經細胞

骨骼肌細胞

血液細胞

骨細胞

脂肪細胞

心肌細胞

上皮細胞

神經細胞

圖2-2　成體骨髓幹細胞的可塑性

Chapter 2

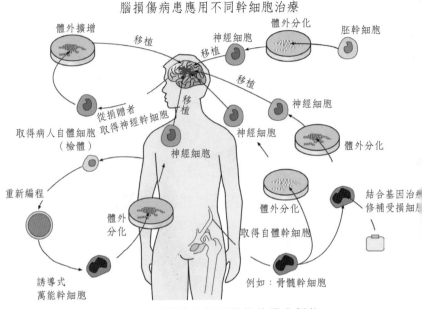

圖2-3　成體幹細胞可塑性的醫療價值

　　近年來陸續發現移植的成年骨髓幹細胞也能長成肌肉肺臟、皮膚、胃、小腸、肝和神經細胞，為了追尋躲著的幹細胞，科學家們取出了骨髓細胞，利用螢光染劑以作追蹤移植的骨髓幹細胞。注射單一被懷疑可能存在的幹細胞到無骨髓的老鼠內確定了他們終於探到了寶。該骨髓細胞除了能重新生長成骨髓，並且它們的子細胞還可長成肺、胃、小腸和皮膚等組織細胞。

　　然而應用這些體幹細胞來進行疾病治療前，還必須對體幹細胞可塑性機制有更透徹的了解，目前學術界對體幹細胞可塑性大致提出幾種可能的機制。首先對體幹細胞具有可塑性的一種解釋

是透過細胞融合（cell-cell fusion）機制使得體幹細胞可分化成其他組織的功能細胞。細胞融合是形成成體動物特定組織細胞的一個機制，好比說骨骼肌細胞或透過細胞融合形成多核的骨骼肌纖維。細胞融合近來也被用於解釋移植的骨髓幹細胞能跨系（cross germ layers）轉變分化。例如，在動物實驗中，藉由遺傳標定的骨髓幹細胞證明，骨髓細胞移植可以使具遺傳性酪氨酸血症的小鼠的肝功能恢復是骨髓幹細胞與受體小鼠的肝細胞融合所達成實現的；雖然細胞融合現象同樣被發現移植的造血幹細胞為何能分化骨骼肌或心肌細胞的研究上，但這機制似乎不能解釋

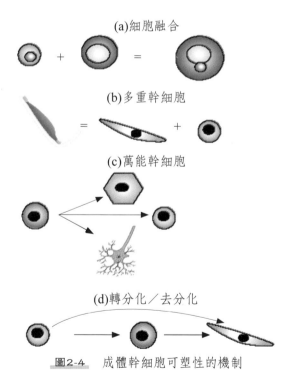

(a)細胞融合

(b)多重幹細胞

(c)萬能幹細胞

(d)轉分化／去分化

圖2-4　成體幹細胞可塑性的機制

所有的體幹細胞跨系轉變的可塑性，例如：研究也發現移植的骨髓幹細胞能在糖尿病小鼠分化產生胰島細胞，但是並沒有發現有細胞融合的情形。此外也有學者提出細胞融合發生的頻率很低，並非所有移植的骨髓幹細胞皆透過細胞融合分化為肝細胞、骨骼肌或心肌細胞，但是要進一步應用這些體幹細胞來進行這些相關器官疾病治療前，還是要進一步確認這些透過細胞融合而分化產生的細胞是否會導致其他問題的產生，例如，染色體異常或甚至癌症的生成。

對成體幹細胞可塑性的另一種解釋與移植細胞的純度有關，目前了解在骨髓細胞移植的過程，會植入大量且異質性高細胞群體（heterogeneous population）到受體內，因此可以解釋為何會出現多重分化的現象，這些異質細胞群體中可能包括未分離的骨髓或間質，這些細胞中很有可能含有多種體幹細胞，如造血幹細胞、非造血間葉幹細胞、血管前驅細胞、中胚層或肌肉前驅細胞等，因此，所謂體幹細胞的可塑性可能是多種幹細胞或前驅細胞分化的結果。

包括骨髓或其他組織中單一的稀少的體幹細胞近來也被發現可能具有跨系分化的潛能，例如，骨髓中的多能成體前驅細胞（multipotent adult progenitor cell, MAPC）透過成體動物的靜脈注射移植可以在不同器官產生不同胚層的組織，另外在注入胚胎內同樣也證明可以形成大多數組織。然而，到現在為止研究人員還不知道這些細胞是否存在於骨髓的特定位置，因此不確定是這些體幹細胞自身的特性或是某些培養條件賦予了這些細胞跨系分化的潛能。

三、體細胞重新編程技術

　　人類組織細胞在分化之後，接著會面臨老化，最終都難逃死亡的命運，但最近研究發現在大西洋的燈塔水母（Turritopsis nutricula）可能可以長生不老。燈塔水母在達到性成熟階段之後，又會重新回到年輕階段，開始另一次生命週期，而這種返老還童的循環會持續不斷。燈塔水母究竟是如何逆轉老化過程的呢？這是海洋生物學家和遺傳學家正在重點研究的課題。基本上科學家們推測，燈塔水母「返老還童」是透過體細胞重新編程，使得細胞轉分化進入返老還童的循環。普通的水母在有性生殖之

圖2-5　燈塔水母細胞返老還童

Chapter 2

後就會死亡，但是燈塔水母的成體經過細胞轉分化的步驟，能夠重新成為水螅體，讓燈塔水母免於老死，所以也被人稱為返老還童或不死的水母。而在發育學的研究領域一直有一個未能完全解決的問題就是：如何控制成熟細胞回到年輕原始的狀態而具有多潛能分化特性，如果找到一種方法可以將成熟的細胞直接轉變為多能（multipotent）或萬能（pluripotent）幹細胞，這樣就不需要分離胚胎幹細胞，另一方面如果能將數量相對來源較多的成年自體細胞轉變為特定組織細胞，這將可以為許多疾病提供一個可能的治療方法。

細胞轉分化

部份體細胞會在組織受損或器官再生的過程改變其形態的過程稱為轉分化（transdifferentiation）。在兩棲類動物水蜥，當眼球水晶體被摘除後，牠們的虹膜色素上皮細胞能透過轉分化為水晶體上皮細胞來修補移除的水晶體。其實在一些胃炎或胃潰瘍的病人，其胃部常會發現一種小腸化生（intestinal metaplasia）的症狀，也就是部份胃細胞轉變成為小腸細胞，這其實就「轉分化」所造成的結果。這些現象告訴我們，如果控制細胞狀態的轉錄因子發生改變，可能會使體細胞的轉分化為另一類的細胞。而最近研究證明體細胞可轉分化為特定組織細胞，例如九州大學鈴木淳史教授（Atsushi Suzuki）最近證明只要表達兩個特定的轉錄因子就能讓皮膚纖維母細胞轉分化為肝臟細胞。人類有將近兩百多種的細胞，每種細胞都有特化的功能，除了利用「不易獲

得」的幹細胞來開發治療方式以修復受損組織外，另一項可行的替代方案，就是利用身體已特化存在的健康體細胞進行轉化，來取代受損或死亡的組織細胞。

如圖2-6說明水蜥可透過轉分化而進行水晶體再生可透過兩種方式：

1. 水蜥（newt，蠑螈的一種）的水晶體損毀時，虹彩上半部的色素細胞會經轉分化（transdifferentiation）而形成水晶體細胞，隨即開始合成水晶體的透明纖維質，整個修復過程為時約40天。

2. 若虹彩也同時遭到損毀，水蜥可以從帶色素的視網膜細胞中，再生出一個新的虹彩來。這些帶色素的視網膜細胞還可以轉變成為虹彩前方的神經視網膜層。

水晶體移除	水晶體從虹膜細胞再生

水晶體　　　　　虹膜

圖2-6　水蜥透過轉分化進行水晶體再生

誘導式萬能幹細胞

人類胚幹細胞具有能自我更新的能力、能在體外培養下無限的增殖、以及萬能分化特性，具備分化成為體內兩百多種細胞的能力，因此未來在新藥開發、再生醫療的發展上，有著非常重要的地位。然而目前胚幹細胞在醫療應用方面仍然有限制，首先，胚幹細胞是取自胚胎發育過程中尚未著床的囊胚，雖然囊胚的來源是人工受孕後剩餘的胚胎，但這些胚胎仍有能力發育成為完整個體，因此在道德倫理方面頗受爭議。第二，胚幹細胞雖具有萬能的分化能力，但如果應用不當仍會有形成腫瘤的風險。第三，由於胚胎幹細胞是來自另一個體，因此應用胚幹細胞仍須考慮移植配對及免疫排斥的問題，如果找到一種人為的方法，可以「不用破壞胚胎」地將數量較多的成人體細胞，轉化為多能或萬能幹細胞甚至特定的組織細胞，這將在細胞治療發展上有其重要意義。

英國蘇格蘭的羅斯林研究所複製桃麗羊成功的經驗，說明成熟的哺乳動物的體細胞，仍然保有能發育成為完整個體的潛在能力。其實多年前日本的理化學研究所的科學家若山照彥教授（Teruhiko Wakayama）利用小鼠實驗證明：「將體細胞核轉移到去核的卵子並活化後，可以在體外進行早期胚胎發育，而當發育到囊胚期時，將其內細胞團取出體外培養繁殖後，可以變成萬能幹細胞。」因此可以經由細胞核移植技術（nuclear transfer），將體細胞核重新編程（reprogramming），調整至類似發育早期的狀態，而重新獲得萬能分化能力的技術，而利用核移植技術所建立的幹細胞，具有跟原始病人的體細胞一樣的遺傳

組成，因此可以用來進行移植，這就是所謂治療性複製（thera-peutic cloning）的概念。

　　發現體細胞核移植至卵子可將體細胞核重新編程，就表示未受精的卵子或是早期胚胎細胞可能包含一些調控多潛能分化特性的因子，科學家們推測這些因子，可能就是幹細胞能夠擁有多潛能分化的關鍵！因此在2006年，2012年諾貝爾醫學獎得主，日本京都大學山中伸彌教授（Shinya Yamanaka）開始篩選調控早期胚胎發育的因子的研究中發現，將Oct4、Sox2、Klf4、以及c-Myc等四種基因，藉由反轉錄病毒同時表現在纖維母細胞內，

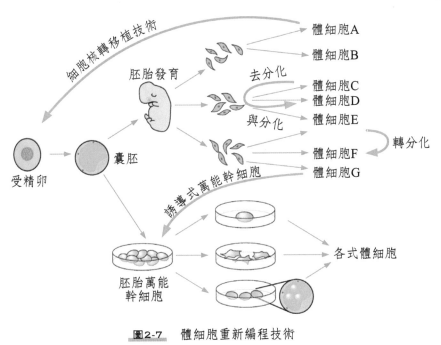

圖2-7　　體細胞重新編程技術

就可以將細胞逆轉成為具有萬能分化特性的細胞，他將這種細胞命名為「誘導式萬能幹細胞（induced pluripotent stem cells (iPSCs)」。最近在多國科學家的延續研究中，證實了多種體細胞皆可以被重新編程，包括皮膚細胞、胃細胞、血液細胞、肝臟細胞等，這顯示並非特定細胞才能夠重新編程。由於誘導式萬能幹細胞是由體細胞重新編程而來，因此在倫理道德上較無爭議，再加上細胞來源可以是病人自體的細胞，因此不會有免疫排斥的問題。重要的是誘導式萬能幹細胞與胚幹細胞相雷同，具備分化為體內兩百多種體細胞的能力。

相較於不易取得的成體幹細胞，誘導式萬能幹細胞提供了另一條較容易取得的途徑，例如2010年山中伸彌與日本理化研究所的高橋和利（Kazutoshi Takahashi）合作，利用皮膚細胞製成的誘導式萬能幹細胞，成功製造出視網膜感光細胞，可在動物模式上證實可用於治療視網膜病變。最近美國哈佛大學醫學院凱文・埃根博士（Kevin Eggan）的研究團隊，成功地將高齡82歲有肌萎縮性脊髓側索硬化症（amyotrophic lateral sclerosis（ALS），俗稱的漸凍人）的女性患者的皮膚細胞重新編程成誘導式萬能幹細胞，並且證實這些細胞可分化成為運動神經元（motor neuron），顯示即使高齡患者也可用誘導式萬能幹細胞進行幹細胞治療。

此外由於誘導式萬能幹細胞保存病人的遺傳訊息，因此可藉由病人自體細胞產生誘導式萬能幹細胞分化產生的細胞進行相關的藥物測試，對於專一疾病的治療可以提供較精確的判斷，包括日本京都大學物質細胞統合研究所以及美國加州Scripps研究所都開始開發利用誘導式萬能幹細胞來進行藥物測試與篩選的平臺。

幹細胞分化成體細胞

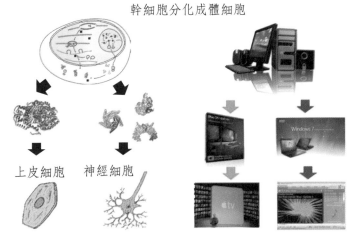

上皮細胞　　神經細胞

圖2-8　幹細胞分化成體細胞的過程產生各式蛋白質，就如電腦透過載入各式作業系統，所以可執行各特定程式

體細胞重新編程技術發展

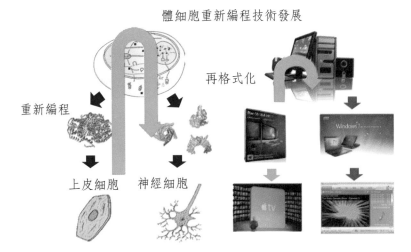

再格式化

重新編程

上皮細胞　　神經細胞

圖2-9　體細胞重新編程技術的過程，透過改變基因表現及各式功能蛋白質的產生，就可轉分化細胞，這個過程就如電腦透過載入不同的作業系統，就可以執行不同的程式

四、結語

在目前器官捐贈者有限以及醫療技術限制的情況下，透過體幹細胞可塑分化的特性、使病人體細胞轉分化為目標細胞、或使病人體細胞重新編程為幹細胞的技術，無疑的是再生醫學領域的重大突破，預期可以被應用在很多疾病的治療上，特別是巴金森氏症、脊髓損傷、以及糖尿病等棘手的疾病，除了克服了胚胎幹細胞的使用會面臨許多倫理爭議外，另外移植至病人體內所造成的排斥反應問題，也因為能直接從患者本身獲得體細胞或體幹細胞而能迎刃而解。但是幹細胞分化調節極為複雜，而且誘導式萬能幹細胞在移植到小鼠的皮下組織仍會導致腫瘤的產生，因此這些技術要實際應用在疾病的治療仍須要一段研發的時間，但預期這些發展中幹細胞科技在初期將被應用在新藥開發上或進行相關的藥物測試，甚至對於個人化疾病的治療方針的選擇可以提供較精確的訊息。

胚胎及誘導式萬能幹細胞

郭紘志

Chapter 3

 **一、前言**

胚幹細胞是一種從著床前時期胚胎所建立之具備分化體內各組織器官細胞能力之幹細胞。此種幹細胞擁有令人驚異之萬能性分化能力及可以被大量增殖之特點，因此有關利用胚幹細胞治療人類重大疾病之前景即被世人所高度期待，並在全球之媒體被廣為報導。不過人類胚胎幹細胞取得所牽涉之倫理爭議，及細胞移植所會產生之免疫排斥問題，也使人類胚胎幹細胞應用於人類疾病治療上受到極大挑戰。而這中間之問題不僅牽涉了科學、宗教、倫理與法律層面之問題，在許多國家亦成為政治上持不同立場的人互相攻擊之目標，其中大家最耳熟能詳的例子即是美國在經歷了兩任總統執政後，有關人類胚胎幹細胞研究政策之演變。這些惱人之問題也促使了研究人員積極的尋求其他替代方案，其中最令人側目之研究成果即是有關誘導式萬能幹細胞（induced pluripotent stem cells）相關技術之發展。誘導式萬能幹細胞之出現意味著能應用於未來擺脫惱人之人類胚胎使用倫理爭議及異體幹細胞移植所產生之排斥問題，進而快速的向細胞治療之目標邁進。身處於如此進展快速、瞬息萬變，又牽涉複雜爭議之科技領域發展之年代，我們或許值得慶幸。不過萬能幹細胞技術能否真能實現改善人類醫學治療之目標更是一個值得令人矚目之焦點。因此本章希望藉由回顧人類萬能幹細胞科技在過去幾年間之發展過程與趨勢，來提供讀者了解萬能幹細胞未來研發之最新進展及未來應用之重要方向。

 二、胚幹細胞

胚幹細胞（embryonic stem cells, ESCs）（圖3-1）是從著床前囊胎（圖3-2）之內細胞圖（inner cell mass）所建立之具萬能分化能力（pluripotent）（圖3-3）之幹細胞。胚胎幹細胞具有不同於體細胞及體幹細胞之獨特能力，包括：旺盛之自我更新能力及分化為體內各種細胞之潛力及可展現於實驗室環境下之多重細胞型態之分化，或於體內環境下形成畸胎瘤（teratoma，圖3-4），或於注射進入早期囊胚後能形成鑲嵌個體（chimera，圖3-5）。因其獨有之特性，所以極具臨床及基礎研究應用之優越條件。

人類對於萬能幹細胞研究之發展，起始於1980年代小鼠胚幹細胞之建立。小鼠胚幹細胞最先是由當時於加州大學之蓋爾馬丁博士（Gail Martin）及於劍橋大學之馬丁埃文斯（Martin Evans）及馬修考夫曼（Matthew Kaufman）博士於1981年時分別建立。不過最早期之萬能分化性幹細胞之研究可追朔至60年代有關小鼠惡性畸胎癌（teratocarcinomas）所建立之胚畸胎癌細胞（embryonal carcinoma cells，簡稱EC細胞）。小鼠胚畸胎癌細胞可經由早期生殖細胞形成或由異位移植之囊胚（blasto-cyst）形成，並具有於體內形成多種細胞種類之能力。這些工作與發現於後來奠定了自著床前囊胚建立胚幹細胞之理論基礎。睪丸惡性畸胎癌亦會於人體自發的產生並生成具分化各種不同組織細胞能力之幹細胞（human embryonal carcinoma cells）。雖然人類畸胎瘤幹細胞是第一種被成功建立之人類萬能幹細胞，後來

進一步之鑑定發現人類畸胎瘤幹細胞具有與小鼠胚幹細胞及畸胎瘤幹細胞不同之特徵。人類畸胎瘤幹細胞連同後來自猴類所建立之胚幹細胞之研究經驗卻造就了人類胚胎幹細胞織成功建立。

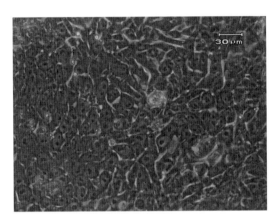

圖3-1　人類胚幹細胞

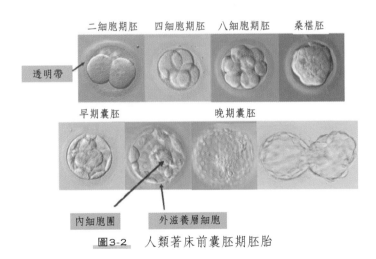

圖3-2　人類著床前囊胚期胚胎

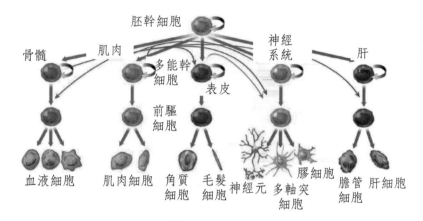

圖3-3　胚幹細胞可分化為體內各組織器官的細胞

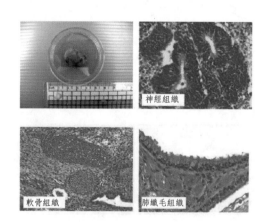

圖3-4　人類胚幹細胞畸胎瘤及其所形成之不同組織種類

圖3-5　胚幹細胞鑲嵌鼠不同之毛色代表來自不同個體細胞

　　人類胚幹細胞（圖3-1）於1998年由美國威斯康辛大學之詹姆士‧湯普森（James Thomson）首次自人工生殖所剩餘之人類著床前胚胎（圖3-2）建立成功，立即使得人類胚幹細胞成為全球基礎研究及生醫應用之注目焦點，並因而帶領一波強勁之幹細胞研究風潮。經由多年來之研究驗證，我們目前已知人類與小鼠胚幹細胞具有功能相似性，不過他們之間亦有部份差異。例如：兩個物種之幹細胞具有不同型態之細胞聚落、表達不同之細胞表面標誌、對生長所需之生長因子要求也不相同、對細胞分離後具有很不同之耐受性等。以上之研究觀察導引出「人類與小鼠胚幹細胞是來自不同細胞來源之不同萬能分化性幹細胞」之理論。此理論之主要論點是認為不同於小鼠胚幹細胞自早期囊胚之內質細胞形成，人類胚幹細胞之所以與小鼠胚幹細胞不同是因他們是自屬於晚期囊胚之外胚葉（epiblast）所形成。後來以人類胚幹細胞培養條件成功自小鼠晚期囊胚建立外胚葉萬能幹細胞（epistem cell）之工作似乎間接的呼應了以上之理論（圖3-6）。因此

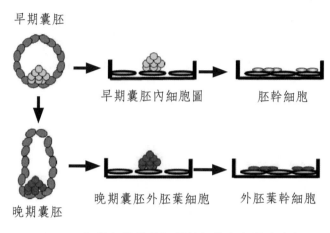

早期囊胚

早期囊胚內細胞圖　　　　胚幹細胞

晚期囊胚

晚期囊胚外胚葉細胞　　　外胚葉幹細胞

圖3-6　胚幹細胞及外胚葉幹細胞之來源及建立

目前我們對萬能分化性有兩種之定義。第一種是原始萬能分化性（naive pluripotency）用於描述自早期囊胚內質細胞形成之胚幹細胞所具有之特徵；另一種是初始萬能分化性（primed pluripotency）用於描述自晚期囊胚外胚葉細胞形成之胚葉萬能幹細胞所具有之特徵。

　　就應用之層面而言，人類胚幹細胞之建立提供了人類醫療科技上解決許多目前眾多不治之症之希望。經由特定之分化條件人類胚胎幹細胞可產出多種體細胞種類如不同種類之神經細胞、肌肉細胞、肝臟細胞、胰臟細胞、血液細胞、表皮細胞及生殖精細胞等。這些細胞技術可提供充足之特定細胞，以供臨床細胞移植治療或新藥開發。除此之外，人類胚幹細胞亦可使用於多方面之基礎研究以提供我們瞭解幹細胞維持萬能分化性的維持與調控細胞分化之機制（圖3-7）。

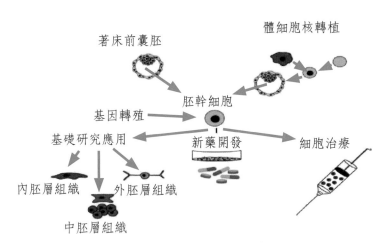

著床前囊胚

體細胞核轉植

胚幹細胞

基因轉殖

基礎研究應用　　　新藥開發　　　細胞治療

內胚層組織　　外胚層組織

中胚層組織

圖3-7　胚幹細胞之應用

🌱 三、胚幹細胞應用之困境及對應策略

　　1998年人類胚幹細胞的成功建立，雖然帶給科學界及一般大眾對於其於臨床上之應用寄於極高之期望，但人類胚幹細胞之應用卻面臨了極大之挑戰。第一，由於目前使用於人類胚幹細胞建立之技術，會對人類胚胎產生不可逆之破壞。因此並不被部份宗教與倫理界人士所接受，因為他們認為此一過程牽涉了犧牲人類生命。此一問題之產生，除牽涉了有關人類胚幹細胞之應用之合理性外，更因此進一步引發法律上與政治上難解之問題。除了倫理上之爭議，以人類胚幹細胞為基礎之臨床應用亦有免疫排斥問題需要克服，而此一問題也將使得胚幹細胞移植應用面臨重大障礙。為了解決以上之問題，幾種以不破壞正常胚胎而建立胚幹

Chapter 3

細胞的方法曾被測試其可行性。例如：藉由結合如複製桃莉羊之體細胞核轉殖技術（somatic cell nuclear transfer）（Wilmut et al., 1997）及人類胚幹細胞技術所建構出之治療性複製（therapeotic cloning）程序，提供了一個可從特定個體建立具治療性同源胚幹細胞之方法。此一方法的基本程序是將已移除細胞核之卵子細胞與自特定個體所獲得之體細胞核經由融合及活化程序，藉由存在於卵子中之因子將體細胞核重新編程至早期胚胎發育之狀況而形成複製胚胎（cloned embryo）。複製胚胎通常可於實驗室培養後，經由胚胎植入至代理孕母之子宮中繼續發育，以產生複製之個體，此一過程即是生殖性複製（reproductive cloning）（圖3-8）。

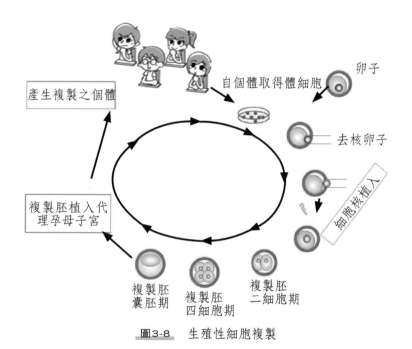

圖3-8 生殖性細胞複製

若將複製胚培養至囊胚時期，可以用來建立胚幹細胞。以此所建立之胚幹細胞即是複製之胚幹細胞（cloned ESC），而此一過程即是所謂之治療性複製（圖3-9）。由於經複製後之胚胎擁有與體細胞來源者相同之遺傳基因，因此研究人員認為，經由治療性複製所產生之細胞，在移植進入細胞來源者之體內將不會產生免疫排斥之問題。目前執行治療性複製技術研究最成功之團隊為日本神戶理研發育生物學研究中心（Riken, Center for Developmental Biology）之若山照彥博士實驗室。以小鼠為治療性複製技術之模型，若山博士團隊可達成20～30%之複製胚幹細胞建立成功率（Yang et al., 2007），此一成功率是一般生殖性複製成

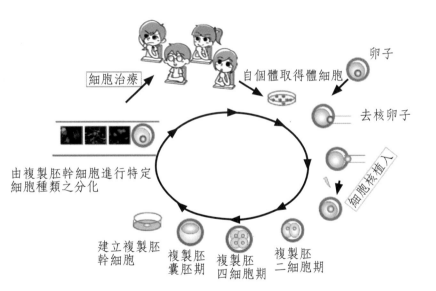

圖3-9　治療性細胞複製

功率（通常只有2～3%）之十倍，如此高之成功率因此帶給研究人員進行人類治療性複製技術之鼓舞，不過卻也產生令人意想不到之韓國首爾大學黃禹錫博士之醜聞事件。

利用與小鼠治療性複製類似之技術，黃禹錫博士團隊於2004年在國際頂尖科學期刊「科學雜誌（Science）」發表了成功自人類體細胞建立複製胚幹細胞之報告，隔年其團隊發表於「科學雜誌」的另一篇論文更進一步顯示人類體細胞建立複製胚幹細胞織成功率可達到高於百分之二十。此令人驚異之進展，無異帶給人類以治療性複製技術進行退化性疾病治療之希望。不過後來經由參與相關研究之人員指出黃禹錫博士研究報告之結果是偽造的，因此遭到韓國司法部門之調查。從韓國之調查顯示黃禹錫博士不但偽造研究結果，更違反研究倫理強迫所屬之女性工作人員捐獻卵子以供胚胎複製之用。黃禹錫博士之醜聞事件讓世人得知所謂人類治療性複製技術根本不存在，同時亦瞭解相關技術要應用於人類之疾病治療可能極其困難，因為人類胚胎複製技術並不成熟。在這樣之情形下必然需要大量之人類卵子以供使用。儘管治療性複製之相關研究在過去數年已有顯著之進展，不過由於人類卵子使用之社會與實際性之問題，人類治療性複製之理想始終未被實現。

除了治療性複製技術之外，其他可建立萬能幹細胞之替代方案，如藉由單一八細胞期胚胎之胚葉細胞建立同源胚幹細胞之策略，亦曾在科學之文獻中被提及（Chung et al., 2006; Klimans-kaya et al., 2006）。此法之理論基礎主要是基於早期胚胎所具有之非特化發育潛力（totipotency）。因此如果我們從八細胞期

胚胎經細胞切片移出單一胚葉細胞，用於胚幹細胞建立，並讓切片後之胚胎於母體中完成發育而誕生，那麼此一新生個體即有屬於他特有之同源胚幹細胞（圖3-10）。目前美國先進細胞技術公司羅伯特・蘭薩（Robert Lanza）博士所領導之研究團隊已可自小鼠與人類之八細胞期胚胎之單一胚葉細胞建立單胚葉胚幹細胞。雖然使用單胚葉胚幹細胞技術可避免破壞胚胎及允許自體胚幹細胞之建立及儲存，但這一方法也面臨一些必須克服的問題。首先，根據蘭薩博士團隊研究指出，現今人類單胚葉胚幹細胞的衍生率仍低（約2%）。造成低衍生率的原因複雜。這可能是一些人類八細胞期胚胎的胚葉細胞已具有特定之非全能發育特化發展之細胞命運。因此，這些細胞將無法發展為胚幹細胞。另外之可能性是目前所使用的單胚葉胚幹細胞建立方法並不健全。儘管如此，單胚葉胚幹細胞之建立將可提供幹細胞生物學家一個絕佳的研究機會去深入瞭解全功能性幹細胞形成的機制，進而增進我們對研究建立非基因改造的同源萬能幹細胞之了解。

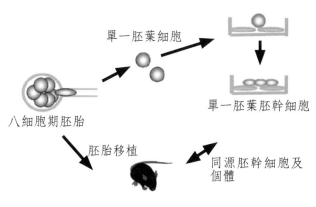

圖3-10　同源胚幹細胞之建立

四、誘導式萬能幹細胞之崛起

　　自從2006年日本京都大學山中伸彌教授成功的以反轉錄病毒載體（retroviral vetor）將四個轉錄因子（Oct3/4, Sox2, Klf4及c-Myc）送入小鼠纖維母細胞中作過度表達並成功的將其重新編程（reprogram）成為具萬能幹細胞之後（Takahashi and Yamanaka, 2006）（圖3-11），此種經人工化在實驗室所創造出來之幹細胞即稱為誘導式萬能幹細胞（induced pluripotent stem cells，簡稱iPS細胞）（圖3-12）。誘導式萬能幹細胞與胚幹細胞具有型態上、分子特徵上及功能上相似之特性，例如：誘導式萬能幹細胞能於實驗室培養環境下分化成多種細胞並且會於體內形成畸胎瘤及產生鑲嵌個體。萬能幹細胞之相關研究即在一夕間突然跳躍至另一全新之境界。誘導式萬能幹細胞及相關技術之所以能引啟如此龐大之注目，其主要的原因是因為誘導式萬能幹細胞技術免除了使用人類胚胎之倫理爭議及克服了使用胚胎幹細胞於細胞移植的免疫排斥問題，另外在技術的優越面上，誘導式萬能幹細胞技術亦提供可自不同之個體快速建立萬能幹細胞之優點。以上之總總優勢促使誘導式萬能幹細胞相關技術在之後的短短數年間，即成功發展為幹細胞研究之重要領域及產業界之明日之星。

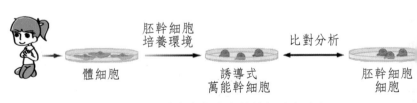

圖3-11　誘導式全能分化性幹細胞之建立

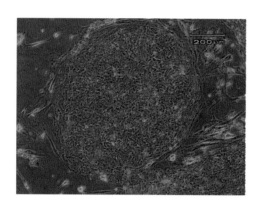

圖3-12　誘導式萬能幹細胞

　　誘導式萬能幹細胞之建立主要是為了克服胚胎幹細胞在治療應用之重大缺陷之情形下所產生之創新方法。誘導式萬能幹細胞之產製程序並不需要使用胚胎，只要能自個體取得體細胞，如纖維母細胞、角質細胞、血液細胞等，即可藉由數個轉錄因子將其反轉成誘導式萬能幹細胞。

　　在誘導式萬能幹細胞技術之成功建立之後，後續誘導式萬能幹細胞相關技術之發展證明了誘導式萬能幹細胞可自不同物種之不同細胞種類建立。這些工作，驗證了誘導式萬能幹細胞產製技術是一穩定而可被廣泛使用於萬能幹細胞產製之方法。雖然誘導式萬能幹細胞之成功建立帶給了人類對細胞治療無限之希望，不過誘導式萬能幹細胞及其相關技術之臨床應用之安全性卻也很快的面臨了嚴峻之挑戰。因為山中教授之報告指出高達百分之五十以上之誘導式萬能幹細胞所產出之鑲嵌鼠會有頭頸腫瘤之產生，並且在部分鑲嵌公鼠之睪丸中精蟲生成亦有嚴重之缺陷。更令人

不安的是他們亦指出由成體細胞所產製之誘導式萬能幹細胞更會導致鑲嵌動物不明原因之死亡。這些不利於誘導式萬能幹細胞之觀察再再顯示進一步了解調控重新編程機制，及解決誘導式萬能幹細胞安全性問題之重要性。

誘導式萬能幹細胞之產製最初方法是以病毒載體將特定之轉錄因子送入體細胞中表達以達成重新編程之目的。此方法雖然有很高之效率，不過由於病毒載體會將外源性之基因隨機插入細胞之基因組中，如果意外的嵌插於掌控重要生理功能之基因，即有可能會對正常基因之功能造成影響，進而於體內對個體健康及生命產生威脅。另外，原先用來製作誘導式萬能幹細胞之轉錄因子中，包括了致癌基因c-Myc，此基因在誘導式萬能幹細胞產製後如不當的活化，即會造成腫瘤之產生。因此為了解決以上之問題，誘導式萬能幹細胞技術之研發即聚焦於發展更安全之誘導式萬能幹細胞製備技術，經過幾年之全力發展，目前已有多種新穎之無基因嵌插之誘導式萬能幹細胞產出策略被成功建立：如以Cre-loxP重組方法，將帶有loxP序列之外源性轉錄因子送入體細胞，並反轉為誘導式萬能幹細胞後，再藉由Cre重組蛋白將外源性基因切除之方法。

另外一個類似之方法，是將外源性轉錄因子以跳躍子（pig-gybac）系統帶入體細胞進入誘導式萬能幹細胞產製，另外科學界也發展了利用非嵌插性載體將如Oct4、Sox2、Klf4及c-Myc等轉錄因子在人體細胞中進行表達以達成誘導式萬能幹細胞之產製方法。最近，甚至直接以Oct4、Sox2、Klf4及c-Myc基因之核糖核酸（mRNA）、蛋白質或微小核糖核酸（micro RNA）導入體

細胞之技術亦證明誘導式萬能幹細胞可經由此類方法產出。經由以上技術之突破與進展，目前研究人員已可經由非轉基因之方式來製作人類誘導式萬能幹細胞，並藉此排除基因操作所可能造成的安全疑慮。

　　誘導式萬能幹細胞產製之方便性，也提供了科學界一個重要的疾病研究平台。經由從帶有特定疾病患者之體細胞製作之「特定疾病之誘導式萬能幹細胞（disease specific iPS cell）」（Saha and Jaenisch, 2009）（圖3-13）及經過其分化所產生的特定種類之體細胞中進行疾病病理過程分析，可提供研究人員瞭解疾病致病之機轉，此種方式可針對特定疾病之不同發展時期

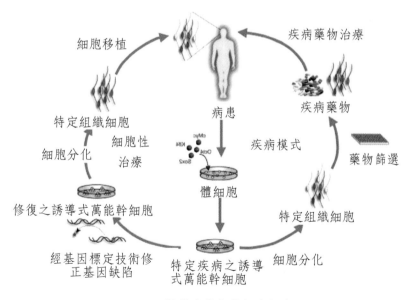

圖3-13　誘導式萬能幹細胞之應用

進行細胞研究，在誘導式萬能幹細胞技術出現之前是幾乎不可能進行的，因為很多疾病之發病及診斷往往都是在我們體內之細胞已有明顯病理現象後才達成，因此研究人員常常只能從病人之病理檢查得知疾病之結果，卻無法知道其起始及之後細胞病理變化之過程。疾病iPS細胞除了提供我們對於疾病病理進程之瞭解，更重要的是我們可以針對細胞之病理變化作藥物測試，最終可以達到個人醫療之目標。至今已有多種人類疾病誘導式萬能幹細胞（如第一型糖尿病、巴金森氏症等）已被成功建立。其中，有些疾病之誘導式萬能幹細胞如脊椎肌肉萎縮症（spinal muscular dystrophy）病患所建立之誘導式萬能幹細胞，已被證實能分化產生疾病之組織細胞型態，並且能對治療藥物有反應。預期未來可透過有效率的製備不同種疾病誘導式萬能幹細胞，除了可以提供研究人員更進一步瞭解人類重大疾病之致病機轉外，也可以提供製藥產業一個有效之細胞平台，以發展克服疾病的新藥。

五、誘導式萬能幹細胞及相關技術應用之主要困境

雖然用以產製誘導式萬能幹細胞之相關技術於最近幾年已有長足之進步，不過目前用以製備誘導式萬能幹細胞之相關技術，還是存在有明顯之缺陷。因為近來之研究顯示，即使使用非嵌插式方法獲得之誘導式萬能幹細胞，在分化行為上亦有不同於胚幹細胞之現象，如此之發現顯示除了遺傳基因上之因素外，後生遺傳之因子調控可能在誘導式萬能幹細胞產製之重新編程過程中亦

扮演了重要之角色。不完全之重新編程過程，往往無法移除體細胞原有之後生遺傳記憶，因而造成了不同誘導式萬能幹細胞在分化行為上之差異。總而言之，目前之誘導式萬能幹細胞生產技術尚無法保證所有生產出之每一細胞株均具有正常或一致之狀態。除了以上之缺陷，最近更有研究指出不當之體細胞重新編程過程，亦會不正常的提高基因突變之機率。不幸的是這些由不當重新編程所導致之基因突變，包含了部份與腫瘤形成相關之基因。最近更令人驚訝的是，以小鼠誘導式萬能幹細胞所進行之研究竟然發現，誘導式萬能幹細胞之體內移植也會產生免疫排斥反應。這一發現無疑的對誘導式萬能幹細胞臨床應用前景，蒙上了一個負面而不確定之未來。因為能克服體內免疫排斥是誘導式萬能幹細胞最重要之應用優勢。當然，從目前之證據我們無法確認以上有關誘導式萬能幹細胞之異常現象，是否普遍存在於多數之誘導式萬能幹細胞株。不過目前使用於重新編程之方法有明顯缺陷之事實，卻是大家普遍認同的。

　　從小鼠誘導式萬能幹細胞之鑲嵌體動物（chimera）實驗顯示了誘導式萬能幹細胞之諸多問題。基於此，我們不難理解由相同方法所建立之人類誘導式萬能幹細胞應該也有不少類似之異常，且這些異常很可能會於移植後於體內引起包括腫瘤生成及免疫排斥之安全疑慮。為解決這些問題，一個可供建立更安全誘導式萬能幹細胞之方法，即有效鑑定誘導式萬能幹細胞之優劣的標準是目前最迫切之議題。不過目前為止我們並無一套有效率之方法足以偵測人類誘導式萬能幹細胞異常之方法，更何況人類之鑲嵌體實驗應不可能被同意執行，因此許多仰賴此類技術才能發現

之異常並無法在人類誘導式萬能幹細胞中被發現。因此就鑑定技術之可行性考量而言，人類誘導式萬能幹細胞之臨床應用之可能性，將取決於我們是否能經由進一步之研究發展出能有效鑑定方法，並藉由此平台篩選出可供臨床應用之人類誘導式萬能幹細胞株。

　　最近，從哈佛大學孔雷‧奧契德林格（Konrad Hochedlinger）博士實驗室經由比較同源之胚幹細胞與誘導式萬能幹細胞之基因表達與形成個體之能力顯示，特定印痕基因之正常表達是定義是否一個誘導式萬能幹細胞株能具有正常發育能力之關鍵因素。這一個發現提供了一個可用於篩選符合臨床使用人類誘導式萬能幹細胞之標準。因為研究人員很有可能在未來亦從人類誘導式萬能幹細胞中找出可區分好與不好誘導式萬能幹細胞之標誌。另外由於誘導式萬能幹細胞與誘導式萬能幹細胞在特性上可能有部份之差異，目前對於已知可誘導萬能幹細胞特定分化之因子是否亦可有效的促進誘導式萬能幹細胞分化則仍是一個未知之問題。因此期望以誘導式萬能幹細胞作為平台以大量產出特定體細胞之目標，未必可簡單地實現。此一問題主要之肇因還是在於誘導式萬能幹細胞株之間明顯之差異性。因此造成其於分化能力上之歧異。因而當面對不同誘導式萬能幹細胞株進行特定種類之體細胞之產製時，或許需以不同之分化條件及程序才能達到所需之目的。此外，誘導式萬能幹細胞是否會因之不當之分化問題而導致較易於體內形成去分化之狀態，甚至有促進腫瘤產生之可能亦是值得近一步之審視。

　　對誘導式萬能幹細胞其他問題是應用之目的而言，我們仍缺乏一適當之標準用於篩選合乎臨床治療使用標準之誘導式萬能幹細胞，因為不同誘導式萬能幹細胞株之間存在著生長與分化發展能力上之差異，如此之差異顯示部份之誘導式萬能幹細胞可能具有與正常胚幹細胞幾乎一致之性質，然而部份之誘導式萬能幹細胞卻可能在本質上與胚幹細胞具有顯著之差距，如此之現象造成了一個棘手之問題，那就是如何從數量龐大之誘導式萬能幹細胞株中挑選出合乎不同使用目的細胞以供後續應用。其次是如何制定一套合宜而能被廣泛接受之標準以鑑定誘導式萬能幹細胞。在此問題上，如何制定合乎臨床應用之誘導式萬能幹細胞標準是最難解決之課題。如此之難題也必然會造成誘導式萬能幹細胞應用管理上之困難，為解決這些難題我們有必要先對以下之議題達成共識：

1.如何界定有關誘導式萬能幹細胞之特徵。

2.如何界定不同誘導式萬能幹細胞在特徵上、分化潛力上及建立上之差異。

3.是否誘導式萬能幹細胞之應用可適用其他幹細胞應用規範和管理。

4.是否所有誘導式萬能幹細胞株均可由共同之規範加以評估同意使用，或者不同之細胞株之應用均可視為獨立之審查。

　　以上對誘導式萬能幹細胞應用管理上所列舉之問題，凸顯出除了科學上之問題，在管理層次上，誘導式萬能幹細胞之應用亦將面臨極大之挑戰，而制定相關之規範也必將牽涉有關法律、倫

理、政治、商業、醫學及行政上所有相關之部門之參與因此取得
最終之結果必然曠日費時。然而這個複雜的管理規範，如不設法
解決，誘導式萬能幹細胞之使用將陷於無法管理之狀態，並增加
其應用上的風險。

　　綜合所有目前有關人類誘導式萬能幹細胞於應用上之主要難
題，可歸納出，由於我們對於重新編程機制瞭解不足，以及缺乏
對完整重新編程過程之掌控，造成了目前誘導式萬能幹細胞於臨
床與基礎應用上之困難。解決此一困境之方法將需要經由進一步
之基礎研究以找出重新編程的關鍵。另一方面，在整體有關誘導
式萬能幹細胞應用之相關法律、倫理之規範亦應著手制定，尤其
對於未來誘導式萬能幹細胞進行臨床實驗所需相關之認可標準之
建立是目前最重要的事項。唯有在應用之條件能儘早被確認，才
能進一步鼓勵研究人員朝向更有效率的建構具可應用性之誘導式
萬能幹細胞技術之目標邁進。

Chapter 4

造血幹細胞

黃效民

一、造血幹細胞的研究源起

造血幹細胞（hematopoietic stem cells）顧名思義為生物體內主要負責製造各類血液相關細胞的幹細胞。相較於其他幹細胞（如胚胎幹細胞或是其他的成體幹細胞）來說，造血幹細胞已經有超過五十年的研究成果，並有相對足夠的知識和經驗應用於臨床治療上。西元1945年，美軍在日本的廣島與長崎上空投下了兩顆原子彈，第二次世界大戰因此而結束，但同時也開啟了造血幹細胞的研究。為了醫治在強大的放射線照射後所造成的傷害與後遺症，科學家們紛紛以老鼠為動物模式進行放射線照射的試驗，最終確認了放射線對生物體最直接的傷害是造成骨髓造血功能的衰竭，因此開始對於骨髓的造血系統投注研究心力。爾後60年代造血幹細胞的發現與逐漸累積研究，奠定了現今骨髓移植的基礎。

二、認識血液與造血幹細胞

人體內的血液約占體重7～8%，以60公斤之成人而言，約有4,200至4,800c.c.。血液是由55%液態的血漿和45%固體的懸浮血球兩部分所組成，血漿略呈淡黃色，主要成份是水與血漿蛋白（其中並包含各式各樣的抗體與激素），其他則為溶於水中的有機物質和一些無機鹽類。血球可進一步區分為淋巴系血球與髓系血球，淋巴系血球包含了B淋巴球、T淋巴球與自然殺手細胞，主要負責人體的免疫系統，在循環全身的同時搜捕外界入侵的抗

原物質，並產生免疫反應將其消滅；髓系血球則分為紅血球、白血球和血小板，分別具有協助氣體運輸、免疫防禦與幫助血液凝固等功能。每一種血球細胞的生命週期都不盡相同，從數小時到數個月都有，因此當血球細胞老化或耗損時就需要新生的血球細胞進行補充，來維持人體正常的生理平衡。人體內每天都必須汰換約一千億個血液細胞，負責生產這麼大量血液細胞的是人體內一群少數的造血幹細胞，這些造血幹細胞經由精確控制的增生與分化過程，使每一種血球細胞得以即時獲得正確的補充，若有任何失誤就可能造成疾病的產生，例如紅血球的不足可能造成貧血，白血球產生過多則導致白血病等，由此可知造血幹細胞在人體內的重要性。

造血幹細胞在人體定居的位置是骨髓，約佔骨髓中單核細胞的百分之一（加入紅血球共同計算則為十萬分之一），只有極少數的造血幹細胞會出現在周邊血液中。因此過去進行造血幹細胞移植時，需將捐贈者進行局部麻醉，抽取骨髓以獲得足夠數量的造血幹細胞，才能重建受贈者的造血系統。而在20世紀末時，科學家發現負責胎兒血液系統的臍帶血中也含有比例接近骨髓的造血幹細胞，故以往視為孕婦產後廢棄物的臍帶血由谷底翻身，成為炙手可熱的再生醫學明日之星，這個發現為造血幹細胞移植提供了一個嶄新的細胞來源，更帶動了全世界臍帶血保存銀行設立的熱潮，使現今臍帶血成為造血幹細胞移植的常規醫療方式之一。

造血幹細胞是指在血液或骨髓中同時具有自我更新（self-renew）與分化能力（differentiation）的細胞。所謂的自我更新

能力是指，一個細胞在進行細胞分裂後所產生的子代細胞中，其中至少一個子代細胞可以保有與未分裂前相同的特性，而且能繼續不斷地分裂下去，意即幹細胞因自我更新的能力，在分裂後仍可維持為幹細胞的狀態。而分化能力則是指在特定的環境下，幹細胞可以受到調控而轉變為具有特殊功能的細胞，在造血幹細胞上就是指轉變為各種血液細胞的能力。造血幹細胞利用這兩個功能，一方面進行細胞分裂以增加細胞，並分化為特殊的各種血球細胞；另一方面可維持原有的幹細胞數量，使造血幹細胞不因分化而降低數量。此外造血幹細胞還具有能在骨髓與週邊循環血液系統自由移動的能力，當體內需要造血幹細胞時，造血幹細胞就可由骨髓釋出往周邊組織移動；若當我們由體外獲得額外的造血幹細胞時（如接受骨髓捐贈），造血幹細胞們則會循著血液系統回到骨髓中，而這個功能就是現今臨床醫療進行造血幹細胞移植的重要基礎。

　　為了供應生理所需的各種血球細胞，造血幹細胞會經由各種分化的途徑來達成並加以補充。如同其他幹細胞一般，造血幹細胞的分化是漸進式的，造血幹細胞在各造血系統中（成人為骨髓，胎兒隨成熟期不同可能為肝臟、脾臟或骨髓）增生後，會先發育為中度分化的造血前趨細胞（hematopoietic progenitors），此時這些前趨細胞仍具有極大的分裂增生能力，但漸漸地確定了他們未來將往淋巴系血球或髓系血球方向發育的路徑後，細胞分裂的能力也會同時下降。經由各種特定因子的刺激之下，這些前趨細胞漸漸失去增生能力並開始往血球成熟的方向分化，待增殖或分化至一定程度時，這些細胞將會離開造血系統，

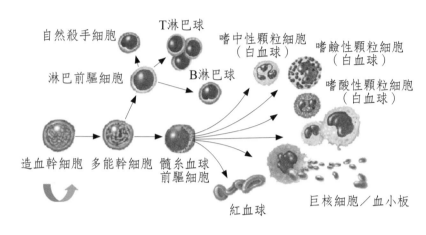

自然殺手細胞

T淋巴球

淋巴前驅細胞

B淋巴球

嗜中性顆粒細胞
（白血球）

嗜鹼性顆粒細胞
（白血球）

嗜酸性顆粒細胞
（白血球）

造血幹細胞　多能幹細胞　髓系血球
前驅細胞

紅血球

巨核細胞／血小板

圖4-1　造血幹細胞分化示意圖

進入血液或淋巴循環中發揮各自的功能。對於各種血液細胞的分化條件，在過去的50多年來的研究，已得到頗為詳細的了解，例如當人體缺氧或血色素降低時，體內會開始積極地製造紅血球生成素（erythropoietin），受到此荷爾蒙的影響，使骨髓中的造血前趨細胞分化為可製造血紅素的紅血球，待細胞分化成熟，大量的紅血球則由骨髓釋出進入周邊循環系統。

三、造血幹細胞的特徵

要研究造血幹細胞，首先必須要先將造血幹細胞由骨髓或血液中分離出來。由於造血幹細胞的外型與白血球細胞相似度極高，難以用外觀加以分辨，因此初期研究人員由於無法得到正確的細胞群而使得研究進展緩慢。這個困境直到造血幹細胞特殊表

面標記（cell surface marker）的發現才得以突破，在體內的各種細胞的細胞膜上都會鑲嵌一些特殊的蛋白質，這些蛋白質可能是協助細胞貼附、接收外界訊號或傳遞訊息進入細胞內的重要分子，而由於每種細胞功能相異，細胞膜上的蛋白質的種類和分布具有特異性，這種特異性在血球細胞中特別明顯，成為造血幹細胞與其他血液細胞區分的重要依據。1988年歐文·韋斯曼（Irving Weissman）博士發現了老鼠血球細胞膜上會帶有的特殊表面標誌蛋白，由於抗體科技的進步，目前已經可以利用接上磁珠的抗體與造血幹細胞進行專一結合的能力，使帶著抗體的造血幹細胞在通過磁場時被吸住，可由骨髓或血液中被純化出來，其他非造血幹細胞因無法與磁珠抗體結合而被洗出來；或是將抗體接上特殊的標記（例如：螢光），經由流式細胞儀（flow cytometry），利用螢光區分將帶有螢光的造血幹細胞直接分離出來。由於不同血球經由分化作用後，細胞膜表面的蛋白質都不盡相同，因此血球細胞膜上的特殊蛋白質我們稱其為CD標記（cluster of differentiation marker, CD marker），目前最常被使用的造血幹細胞標記為CD34與CD133。

　　CD34分子是一種單鏈跨膜的醣蛋白（single-chain trans-membrane glycoprotein），通常負責細胞與細胞間的貼附功能，可表現在造血幹細胞、造血前驅細胞、血管內皮細胞、胚胎纖維母細胞以及少數的神經組織，而分化後的成熟血球細胞則會逐漸失去CD34的表現。帶有CD34標記（$CD34^+$）細胞約佔骨髓單核細胞（mononuclear cell, MNC）的0.5～3%；臍帶血單核細胞的0.15-1.5%；在周邊血液中最少，僅為0.05～0.2%。在小

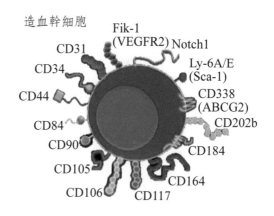

圖4-2　造血幹細胞的特殊標記示意圖

鼠、非人靈長類以及人類的自體移植實驗都證實，經過大劑量化療以及放射線治療後，輸入純化過後的自體骨髓CD34⁺細胞，可快速恢復患者的造血功能，顯示CD34⁺細胞中含有造血幹細胞。由於CD34⁺細胞是多種細胞的集合，並非只在造血幹細胞上表現，但是造血幹細胞應該都可以表現CD34抗原，因此藉由CD34抗原至少可使造血幹細胞得以快速篩選出來。而若想進一步純化造血幹細胞，則須搭配其他抗原才能更精確地將造血幹細胞分離出來。

　　CD133（另名AC133），是在1997年被新發現的造血幹細胞表面抗原。科學家們目前對於CD133的功能尚未了解，已知CD133可表現在造血幹細胞、造血前驅細胞、胎肝等不同細胞上。近年來有文獻顯示，利用移植同時帶有CD34與CD133的細胞群，對於重建放射線照射後小鼠的造血系統，相較於僅帶有

CD34的細胞群效果更好，顯然CD133也是早期造血幹細胞的重要標記之一。

　　然而抗原分子並非專一的造血幹細胞標記，即使利用CD34與CD133標記純化後亦不能斷言可以純化分離到造血幹細胞，在實驗室中為了進一步辨識造血幹細胞，除了以表面抗原作為分離依據外，仍需要再以特性與功能性進行分析確認。首先必須測試這些細胞是否具有長期自我更新的能力。由於一般成熟的血液細胞生命週期有限，無法長時間的存活與分裂，因此將分離後所得的細胞培養在模擬骨髓的環境中（例如以老鼠或人類的纖維母細胞作為培養基底層），經過六週培養後，觀察這些細胞是否可持續存活與增殖，能夠存活的細胞可視為具有長期更新能力的細胞。造血幹細胞另一個特性就是可以分化為各種血球細胞，接著可將這些長期存活的細胞種入含有特殊生長因子的半固態培養基中，這些生長因子可促使造血幹細胞分化為特定功能血球細胞，兩週後若在培養環境中觀察到各種不同血球細胞的形成，就可確認造血幹細胞的分化能力了。

　　判定造血幹細胞最重要的黃金標準，則須利用動物實驗達成。要確認分離出的細胞是否是造血幹細胞時，可將待測試的細胞移植入造血功能受到放射線破壞的小鼠體內。如果小鼠能回復健康，且體內能重新生產各種型態的血球細胞（可藉由觀察捐贈細胞的基因標誌做確認），則可以認定移植的細胞中含有造血幹細胞。

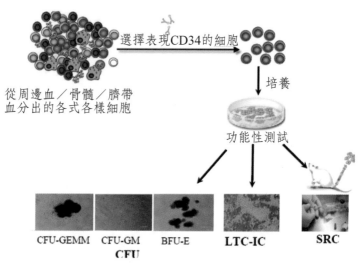

選擇表現CD34的細胞

從周邊血／骨髓／臍帶
血分出的各式各樣細胞

培養

功能性測試

CFU-GEMM　CFU-GM　BFU-E　LTC-IC　SRC
CFU

圖4-3　造血幹細胞分離鑑定示意圖

四、造血幹細胞的治療

造血幹細胞是負責生產各種成熟的血球細胞的起始細胞，有健康的造血幹細胞才得以維持血液與免疫系統的正常功能。因此各種由血球異常所造成的疾病，多少都與造血幹細胞的變異有關，也因此這類疾病大部分都能藉由移植正常造血幹細胞來達到治療的效果。相關的疾病包括白血病與淋巴瘤（即通稱的血癌，如急（慢）性淋巴癌、急（慢）性骨髓癌與多發性骨髓癌等）、遺傳性貧血或代謝異常（如鐮刀型貧血、Fanconi氏貧血、黏多醣症等），與自體免疫性疾病（包括了類風濕性關節炎與紅斑性狼瘡等）。

　　治療過程通常需先讓患者進行可忍受最大限度的放射線照射，使病患異常的造血系統受到最強烈的破壞，再移植人類白血球表面抗原（human leukocyte antigens, HLAs）配對吻合的骨髓或臍帶血，一旦健康的造血幹細胞開始發揮功能，就可以取代先前異常的造血系統使患者恢復健康。而如同前一節所說明的，造血幹細胞有循著血液系統回到骨髓的能力，因此這樣的治療只需將骨髓或臍帶血對接受者以靜脈注射的方式輸注，便可完成移植。

五、骨髓庫與臍帶血庫

　　骨髓是最早被發現造血幹細胞的來源，目前已知骨髓的造血能力極強且具有極佳的補充功能。研究顯示只要保留骨髓的十分之一，就可以維持正常的造血功能，而且當骨髓被部分抽取後，造血幹細胞就會立刻反應加快增殖速度以快速恢復正常水準，因此移植時，骨髓的抽取並不影響捐贈者的造血功能與健康，骨髓捐贈便基於這個概念得以擴展，骨髓銀行也因此應運而生。由於移植前需進行白血球表面抗原配對以避免排斥問題，骨髓銀行皆先抽取志願捐贈者的周邊血，檢測其白血球表面抗原並登入資料庫，待未來受贈者配對吻合後，再連絡捐贈者進行骨髓的抽取。目前捐贈的骨髓都在腸骨抽取，主要原因在於腸骨中含有豐富的造血幹細胞，且抽取時可避開中樞神經與腹部重要器官，是較為安全的抽取部位。然而這種侵入性的抽取方式仍會使捐贈者卻步，若改以施打顆粒性白血球群落刺激因子（granulocyte

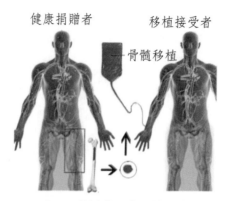

健康捐贈者　　　移植接受者

骨髓移植

圖4-4　骨髓抽取與移植示意圖

colony-stimulating factor, G-CSF）可以將蟄伏在骨髓的造血幹細胞暫時驅動至週邊血中，這時便可利用類似捐血方式，由捐贈者的周邊血收集造血幹細胞，這些醫療上的改進都使骨髓移植或造血幹細胞更為大眾接受，也造福了更多的病患。現今國內外都有許多機構進行骨髓庫的設置，如全世界最大的美國骨髓庫（national marrow donor program, NMDP）目前已有超過700萬筆以上的捐贈者資料，而國內慈濟骨髓庫等也完成了34萬筆資料的登錄。

在1988年臍帶血移植成功治療Fanconi氏貧血後，臍帶血便被視為造血幹細胞的另一來源。由於相較於骨髓與周邊血液，臍帶血的收集完全不傷害產婦與胎兒，收取更為安全與方便。除此之外，臍帶血的來源為新生兒的胎盤和臍帶，由於此時新生兒的免疫系統尚未發展成熟，所以移植後所造成的免疫排斥問題低，因此在人類白血球表面抗原的配對要求上較為寬鬆。一般在移植

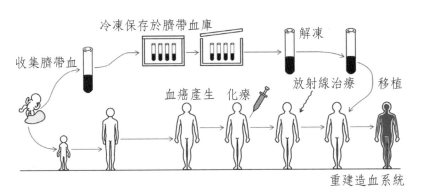

冷凍保存於臍帶血庫　解凍　移植

收集臍帶血

血癌產生　化療　放射線治療

重建造血系統

圖4-5　臍帶血儲存與移植示意圖

時需要比對6個人類白血球表面抗原位點，進行骨髓移植時，捐贈者的6個位點需與受贈者至少達成5～6個完全吻合才可進行移植，否則會造成強烈的排斥，而臍帶血的移植只要達到4個以上的位點吻合度就能進行移植。因為這些優勢，許多國家無論官方或私人企業都開始了臍帶血庫的設立，然而與骨髓庫不同的是，臍帶血必須在新生兒出生後立即收取並分離其中的有核細胞（造血幹細胞包括在其中），並加以冷凍保存細胞的活性，待未來需要時即可提領進行移植。

六、造血幹細胞未來應用的方向

造血幹細胞移植已經是目前臨床的常規醫療方式，因此研究人員更積極地尋找各方面的應用，希望能更擴展造血幹細胞的治療面向。以下就是未來對造血幹細胞仍可努力開發的部分。

1. 開發造血幹細胞體外增殖技術：造血幹細胞移植的成功與否，首重人類白血球表面抗原吻合度，當捐贈者與受贈者的人類白血球表面抗原吻合度越高時，越能降低移植後的排斥反應（即移植物對宿主的攻擊反應，graft versus host diseases, GVHDs）。此外另一個關鍵的因素在於造血幹細胞的數量是否充足，移植時需到達一定的數量以上，才能使患者回復正常生理機能。臨床上所面臨的數量不足情況常發生在臍帶血移植，或是癌症病人進行自體造血幹細胞移植。臍帶血中雖然富含造血幹細胞，但由於能收集到的體積有限（一般約在100 c.c.左右），使得移植時通常僅足夠用於體重在20公斤以下的病患，大大限縮了臍帶血幹細胞的應用價值。此外，癌症患者進行化學治療或放射線治療前可先由周邊血液收集造血幹細胞，用於治療後快速重建造血系統。然而常因病患本身的疾病就源於造血功能缺失，所能蒐集到的正常造血幹細胞數量不足，無法有效達到治療效果。雖然目前已能將多位人類白血球表面抗原相符的捐贈者的造血幹細胞加以合併移植，只是這個方式不但提高了配對的困難度，更增加了移植的風險，因此若能開發符合臨床治療標準的體外增殖系統，將少量的造血幹細胞經由培養而大量增殖且維持其幹細胞特性，則可立即解決此問題的燃眉之急。

骨髓細胞培養

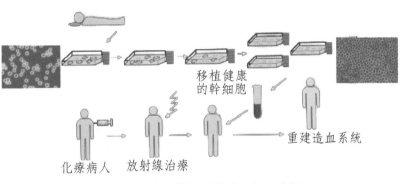

移植健康
的幹細胞

化療病人　放射線治療

重建造血系統

圖4-6　造血幹細胞增殖應用示意圖

2.腫瘤治療：近年來的研究顯示，造血幹細胞除了恢復造血
　系統外，這些細胞還具有攻擊腫瘤細胞的能力。利用移植
　造血幹細胞對38位罹患轉移性腎癌的病患進行人體試驗
　時發現，約可觀察到半數病患有腫瘤體積縮小的現象。由
　於腫瘤的形成有一部分原因在於，腫瘤細胞可躲避體內原
　本的免疫系統攻擊而生長，目前學者們認為移植新的造血
　幹細胞相當於重建一個全新的免疫系統，這個新系統可以
　對原本已無法被辨識的腫瘤細胞重新具有毒殺能力，進而
　抑制腫瘤的生長甚至消滅腫瘤。由於癌症是目前人類十分
　棘手的疾病之一，為了了解造血幹細胞對治療腫瘤的有效
　性，這方面的研究現在已經漸漸擴展到其他固態腫瘤的治
　療，包括肺癌、前列腺癌、卵巢癌、結腸癌、食道癌、肝

癌與胰腺癌等，相信在未來造血幹細胞亦可成為癌症的新療法之一。

3. 基因治療：許多疾病的產生導因於原始基因的錯誤，若以藥物或外科手術方式進行治療，無法對疾病加以根治。將正確的基因導入目標細胞中取代缺失的基因，使細胞表現正常功能，這樣的想法就是基因治療。由1989年第一例基因治療開始人體試驗到目前為止，全世界已有上千件的臨床試驗計畫案進行，然而因為基因傳送的操作程序複雜、基因轉移效率不佳、外源基因被排斥或無法長期表現等原因，使基因治療仍許多困難有待突破。由於造血幹細胞可循環全身系統並持續自我更新的特性，若能以造血幹細胞作為外源基因標的細胞，可使矯正基因達到全身性的分布並長期表現，因此造血幹細胞是目前研究最多和研究最早的基因轉移標的細胞。

4. 血液細胞增生與分化模式的研究：雖然造血幹細胞是目前科學家對幹細胞的研究中較為完整的一群，然而仍有許多未知的部分有待釐清，例如在造血幹細胞形成成熟紅血球的過程中如何進行脫核反應，或是造血幹細胞如何精準地控制增生、分化或回到休止狀態的步驟。這些增生與分化模式的建立，除了學術研究的進展外，亦可因此解開因造血幹細胞調控失序而造成疾病（例如因血球前驅細胞不當增生且無法分化而導致血癌）的謎底，以便尋找更有效地治療方式，此外更可在體外有效率地將造血幹細胞分化為各類細胞以供醫療使用。

七、結語

　　造血幹細胞是目前成體幹細胞中應用最為廣泛的一群，半世紀以來造血幹細胞的研究推進，不但協助了人們治療了許多以往束手無策的疾病，更帶動了產業的興起，這個歷程是近代幹細胞發展的最佳實例。也由此可知，唯有技術的進步與研究成果的累積，才能將幹細胞確實地使用於臨床治療。儘管造血幹細胞移植已是常規的醫療方式之一，但仍有許多未知的領域與待解決的問題，期待未來能有更多的發現，使造血幹細胞的醫療應用更臻成熟。

Chapter 5

間葉幹細胞

黃效民

一、間葉幹細胞（Mesenchymal stem cells）的研究源起

間葉幹細胞主要由中胚層細胞生長與發育而來，並具有幹細胞特性的細胞群。在人類發育過程中胚層細胞逐漸分化成為骨骼、肌肉、脂肪、結締等組織，約於胚胎八週大時，中胚層開始出現，疏鬆間葉組織中的間葉幹細胞開始形成，並移動至特定區域聚集，分化成原始造骨母細胞，接著分化為造骨細胞後形成多層次的緻密骨板，骨板間的間質細胞再逐漸分化為骨髓細胞。

最早的間葉幹細胞研究可溯及19世紀末，德國的病理學家朱利葉斯・柯內姆（Julius Cohnheim）將染劑以靜脈注射送入小鼠的循環系統，最後卻在動物復原的傷口裡觀察到帶有染劑的纖維細胞。他推論這些修復傷口的細胞應該來自血液，且這些纖維細胞最終的來源可能是骨髓。而對於骨髓中含有間葉細胞的決定性證明在1976年由俄國科學家亞歷山大・菲利史丹（Alexander Friedenstein）提出，他發現骨髓細胞中除了血球細胞外存在著另一群非血球細胞（non-hematopoietic cells）。他利用更換細胞培養液的過程移除懸浮的血球細胞，就可見到外型並不一致的貼附性細胞。這些細胞可在蟄伏4-7天後開始大量生長，經過數次的放大培養後可產生均一（homogenous）的紡錘狀細胞，最令人驚奇的發現是，這些細胞經由外界的環境改變開始分化，表現出骨骼細胞或軟骨細胞的特徵。菲利史丹教授進一步由動物實驗證明，即使這些細胞經過20或30次的分裂，放入大鼠腹膜中仍會進行骨骼與軟骨的分化。由於這些有趣的發現

引起了許多學者的投入，相關的研究快速發展，確認這些存在於骨髓的細胞具有可快速複製分裂並可分化為骨骼、軟骨、脂肪與肌肉的特性。

因早期各方研究敘述方式相異，這些細胞曾被賦予許多不同的名稱。最早因其具有紡錘狀外型，稱為「纖維母細胞形成群落（colony forming unit-fibroblasts, CFU-F）」，或以發現的部位與特性命名，如「骨髓基質纖維母細胞」（marrow stromal fibroblasts, MSF）或「骨髓基質細胞」（marrow stroma cells, MSC）。由於這些細胞的功能逐漸被發現，現在多以「間葉幹細胞」或「間質幹細胞」（mesenchymal stem cells，MSC）稱呼。

二、間葉幹細胞的來源與分離

由於可避免胚幹細胞所帶來的生物倫理與社會輿論質疑，成體幹細胞的研究常有令人驚喜的突破，許多學者開始紛紛投入間葉幹細胞的相關研究和應用。目前間葉幹細胞仍以由骨髓分離得來為標準，由於尚未發現具有專一性的間葉幹細胞的表面抗原，因此無法如血液幹細胞般以特異性抗原結合的方式加以定義和分離。直至現今，間葉幹細胞的分離步驟大多沿用菲利史丹教授所建立的方式，利用生長時的貼附特性區分間葉幹細胞與懸浮的血球細胞。間葉幹細胞在骨髓單核細胞中含量非常稀少（約十萬分之一），因此起始的分離培養需要較久的時間（約5～7天），但一旦分離成功，間葉幹細胞會展現優異的自我更新能力，在適

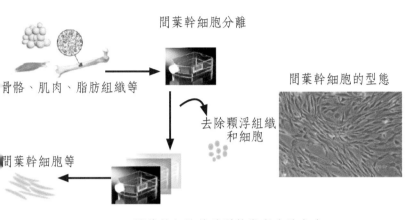

間葉幹細胞分離

骨骼、肌肉、脂肪組織等

間葉幹細胞的型態

去除顆浮組織
和細胞

間葉幹細胞等

圖5-1 間葉幹細胞的外型特徵與分離方式

Chapter 5

當的培養環境中可大量分裂增生，這個特性對於未來進行細胞治療時提供了極佳的優勢。

　　雖然骨髓為間葉幹細胞的首要發現處，由於骨髓的抽取屬於侵入性醫療，取得不易，研究人員開始積極地尋找替代來源，因此陸續有許多研究報告提出其他組織亦可作為間葉幹細胞的來源。目前已知臍帶血、臍帶、羊水、羊膜、肌肉、脂肪等組織中皆可分離出具有高度自我更新與分化能力的間葉幹細胞。其中脂肪組織為整形外科進行抽脂手術時常見的醫療廢棄物，且抽取脂肪組織雖為侵入性醫療行為，但因風險較抽取骨髓小且未來可應用於自體移植，近年來此來源格外受到注目。只是雖然這些不同的組織都可分離出間葉幹細胞，目前研究顯示不同來源中所分離出的間葉幹細胞基因表現與特性仍有差異存在，然而這些差異是否在未來臨床醫療時成為選擇的關鍵，則有待更深入的探討。

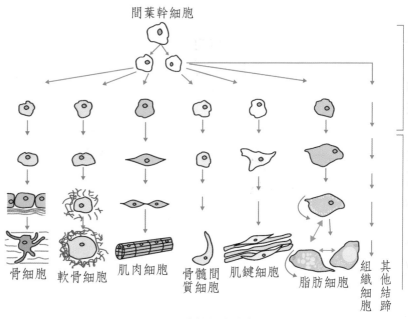

間葉幹細胞

骨細胞　　軟骨細胞　　肌肉細胞　　骨髓間　肌鍵細胞　　　脂肪細胞　組織　其他
　　　　　　　　　　　　　　　　　質細胞　　　　　　　　　　　　細胞　結蹄

圖5-2　間葉幹細胞分化示意圖

三、間葉幹細胞的鑑定

　　截至目前為止，學者尚未發現可專一辨識間葉幹細胞的表面抗原，但仍可藉由一系列的表面抗原表現圖譜對間葉幹細胞進行初步的辨識。大多數的間葉幹細胞不表現血液幹細胞標記CD34與CD45，而需表現包括CD29、CD44、CD90、CD73、CD105、CD106與STRO-1等抗原，再者與一般體細胞相同，表現出第一型人類白血球表面抗原（HLA class I），而不表現第

二型人類白血球表面抗原（HLA class II）。依據這樣的細胞表面標記可對於分離出的細胞進行初步的分析。

　　對於間葉幹細胞進一步的鑑定方式即為檢視他們是否具有分化為中胚層各種細胞的潛能，這是目前被廣為接受最為普遍的系統。間葉幹細胞可經由體外特殊因子的刺激，分化為骨骼、軟骨、脂肪細胞等；或是利用移植間葉幹細胞至動物體內，並觀察這些植入的細胞是否可有效治療各種結蹄組織缺失造成的疾病，而經研究證實以不同的分離方式處理，並不影響間葉幹細胞的分化能力。

四、間葉幹細胞的特性

　　以人類的間葉幹細胞而言，約可在體外培養並倍增成長約24～40次。但骨髓捐贈者的年齡若較大，不但可培養時間較短且生長速度也較慢，與大部分可在體外培養的體細胞相同，當間葉幹細胞生長停滯時，細胞會出現複製性衰老（replicative senescence）的特徵，這種老化現象使需要大量間葉幹細胞進行細胞治療時遭遇瓶頸。目前已知有部分因子皆可能導致複製性衰老，其中最主要的就是端粒酶活性（telomerase activity）的缺乏，因細胞於體外培養時不斷複製生長，使端粒（telomere）長度逐漸縮短，研究顯示若將端粒酶基因轉殖入間葉幹細胞中，可大幅提升間葉幹細胞在體外培養的時間且不影響他們的分化潛能。然而進行動物實驗時發現，這些表現端粒酶活性並倍增後的間葉幹細胞可能會使小鼠產生腫瘤，過量的體外細胞增生導致基

因不穩定，使細胞產生轉化現象（transformation）。因此如何在適當的培養環境使間葉幹細胞大量增殖或僅短暫地表現端粒酶活性則是未來可進一步努力的目標。

由於間葉幹細胞首先在骨髓中被發現，因此對骨髓間葉幹細胞所具有的功能，相關研究最為詳細。間葉幹細胞可分泌多種細胞激素，分別可促進血液幹細胞增生與分化或幫助血液幹細胞貼附與增生。除此之外，由間葉幹細胞所產生的生長因子與細胞外間質，則是建立骨髓微環境（microenvironment）的重要成份，這個微環境提供了造血幹細胞間交互作用或訊息調控的重要場所。這些功能也是同屬造血系統中分離出的臍帶血間葉幹細胞所具有的特性。因此目前學者們認為無論由何種組織分離出，這些成體中的間葉幹細胞應為原組織中的未分化細胞，主要提供該組織損傷修復的細胞來源，並建立細胞分化的環境。

近來間葉幹細胞的免疫調節效應也逐漸受到重視。體外試驗證實，與間葉幹細胞一起培養的免疫細胞，在接受刺激後可受到抑制，減緩或停止增生。研究人員更進一步將白血球表面抗原配對不符合的皮膚移植到狒狒身上時發現，若同時移植間葉幹細胞，本來應該在短時間就被排斥的皮膚組織可以延長存在時間，而人體試驗中也發現，若伴隨著間葉幹細胞的輸入，可降低移植異體造血幹細胞所產生的移植物對宿主的排斥反應。雖然目前對於這樣的免疫調節效應機制仍不清楚，但一些初步的研究成果說明，間葉幹細胞是藉由分泌多種細胞激素（而非細胞與細胞的交互作用）抑制了免疫作用。

五、間葉幹細胞的應用

間葉幹細胞目前尚未成為常規的移植細胞，主要原因在於間葉幹細胞在大多數組織中數量稀少，需經過體外增殖才能達成所需移植數量，因此符合醫療標準的增殖系統尚待建立，且須有更多的試驗佐證其有效性。雖然目前間葉幹細胞大多仍在臨床試驗階段，發展方向大致可區分為局部移植（local implantation）、系統性移植（systemic transplantation）、基因治療（gene therapy）、組織工程（tissue engineering）。

局部移植是指將間葉幹細胞直接植入病灶處。動物實驗已經證實了，間葉幹細胞可有效治療骨骼方面的疾病。將間葉幹細胞種植於陶瓷載體上送入大鼠的斷骨處，經由8～12周的療程後，以X光掃瞄可在受傷處發現新生骨組織，且修復後的斷骨可通過生物機械性的扭力測試。改以大白兔作為試驗對象時也發現，間葉幹細胞移植可修復膝蓋軟骨損傷。一般骨骼具有一定的新生能力，但若外傷範圍過大，可癒合部位就十分有限了。近年來許多人體試驗也顯示利用自體間葉幹細胞移植，可幫助治療自癒能力不佳的大範圍骨骼缺陷。這些被植入的間葉幹細胞穩定性高且顯示了良好的治療成效，由於間葉幹細胞原本便負責中胚層結蹄組織的發育，因此在骨骼或軟骨治療方面，目前人體試驗中都有不錯的成效，但這些結果仍須更多的臨床試驗進一步加以確保治療的有效性與安全性，以便將來的移植運用。

系統性移植即是將間葉幹細胞移植到循環全身的系統當中。如同造血幹細胞運用於血液系統上的移植用以治療疾病，部分學

者也嘗試用這種方式來進行間葉幹細胞的治療，然而間葉幹細胞無法如造血幹細胞一般可有效地循著血液系統回到骨髓，因此這種治療方式必須挑戰如何增加間葉幹細胞回溯骨髓的效率。間葉幹細胞系統性移植的臨床應用目前多針對在血液幹細胞移植時，用來改善血液幹細胞的移植成功率或減少移植物對抗宿主的排斥反應。例如乳癌患者在接受高劑量化學治療後，將自體血液幹細胞與體外增生的間葉幹細胞同時移植回體內，可迅速恢復病患的造血系統。如果將間葉幹細胞異體移植於患有造骨不全症（這是一種因基因缺陷導致膠原蛋白缺乏的疾病，患者會有骨骼生長遲緩、易骨折的症狀）的兒童病患上，利用異體骨髓移植的方式，經追蹤可發現捐贈者的間葉幹細胞可回溯至受贈者的骨髓，而使骨髓密度得以上升。而異體間葉幹細胞移植亦有效改善黏多糖症（Hurler's syndrome）與原發性再生性不良貧血（idiopathic aplastic anemia）。雖然部分治療已經見到移植成效，但目前仍然不瞭解間葉幹細胞在這些治療中所扮演的角色，且部分長期追蹤報告顯示間葉幹細胞無法長久地存在接受移植的患者身上，因此這種系統性的移植方式仍需要進一步的試驗。

在基因治療方面，與一般體細胞相較，幹細胞具有良好的增生能力並可存活較久，因此被視為優良的基因治療載體細胞。目前研究顯示，間葉幹細胞對於不同型式的基因載體接受度都相當高，可短期或長期表現這些外來蛋白質。曾有研究人員嘗試將巴金森氏症病患所缺乏的L-DOPA基因轉型進入間葉幹細胞，這些經轉型後的細胞可在體外持續表現大量的L-DOPA並維持其增生與分化能力，將這些細胞移植至巴金森模式的大鼠中時，雖然

L-DOPA表現在轉移後九天內消失，但這些移植的細胞可至少存活43天，且相較於對照組，接受轉移的大鼠有效改善巴金森氏症的症狀。雖然目前有關間葉幹細胞應用於基因治療的研究尚在起始階段也未臻臨床階段，但可預見間葉幹細胞將是未來基因治療不可或缺的一部份。

捐贈者缺乏與器官排斥一直是器官移植中相當棘手的問題。藉由組織工程技術提升，我們可直接從病患身上取下健康細胞，種植在可分解的生物骨架上以形成部分組織，這些體外形成的組織可用於修復因疾病所引起的器官缺損。除此之外，利用特殊培養技術，將體細胞或幹細胞培養於3D立體生物骨架上，並形成各種組織加以運用，這些方式都可以解決捐贈者缺乏與器官排斥的困擾。由於間葉幹細胞具有易分離、增生速度快與具分化潛力的特點，因此是極佳的組織工程標的細胞。目前已有多種生物聚合物可作為組織工程中良好的生物骨架，例如從細胞外間質分離出的第一類膠原蛋白（type I collagen），或從植物分離出的褐藻膠（alginate）等。動物試驗也證明了利用組織工程再加上局部移植的治療方式，將人工建置的組織物移植後，間葉幹細胞可修復大段骨骼缺失。由此可見，這樣的治療過程可運用於未來人類器官的移植。

六、結語

由於在成體許多不同組織中都可發現間葉幹細胞的存在，目前學者們認為，間葉幹細胞就像救護人員，一旦受傷部位發出求

救訊息，間葉幹細胞可由骨髓或鄰近組織中釋出，前往並分化成為適當的細胞行使功能使受損處得以復原，這些間葉幹細胞也因此成為醫療的新希望。由於具有分離與培養較為容易，並可進行自體移植的優勢之下，間葉幹細胞自發現以來一直是成體幹細胞研究的重點發展目標。如何安全有效地使用於疾病治療，是目前間葉幹細胞用於醫療應用時面臨的最大挑戰，但是在越來越多的相關研究與臨床試驗累積下，相信不久的將來間葉幹細胞能如造血幹細胞一般，成為細胞治療的新利器，提供給人們更健康的未來。

Chapter 6

心臟修復與再生——針對心臟疾病的細胞療法

謝清河
吳孟容
賴佳昀
張苡珊

　　心臟疾病的死亡率，不僅在世界中佔居高位，在台灣也高居第二。急性心肌缺氧與慢性心血管疾病會導致心肌受損；此外，由於死亡的心肌細胞被纖維化結痂取代，使得心臟無法正常跳動，血液輸出量減少。近年研究發現，幹細胞移植至缺氧性心肌損害的動物實驗模式可減緩心臟受損程度。主要原因可能來自於幹細胞釋出特殊因子，並藉此改善已受損區域的微環境。幹細胞療法的優點包含減輕發炎反應、降低細胞凋亡、促進血管新生和減少纖維化等。然而，幹細胞形成新心肌的效果較不明顯。幹細胞移植心臟療法目前面臨的難題是需要改善細胞移植心臟後的存留率、增加幹細胞存活數以及如何讓移植細胞適當地分化成我們想要的細胞種類。有鑑於此，目前的研究重心是著重在探索幹細胞分化為心肌細胞的能力與心臟本身自我修復及再生的分子機制。

臨床上所面臨的難題

　　面對缺氧性和非缺氧性的心肌傷害所導致的心肌衰竭，病人不僅須負擔昂貴的醫療費用，也會降低生活品質，甚至威脅生命；此外，老化也會使罹患心臟病的機率增高。現有的療法只能改善症狀，無法復原已受損的細胞。近來在幹細胞及再生醫學的研究，主要是想藉由健康組織取代受損或流失的心肌，來改善病人的生活品質。

Chapter 6

心肌傷害進程

心肌梗塞歸因於動脈狹窄，造成急性的硬化動脈斑塊破裂；血小板聚集，進而導致血管中形成血栓。由阻塞的冠狀動脈造成的微血管嚴重缺血現象，致使心肌細胞急速凋亡。此時若重新恢復氧氣供應以及血液流通，往往會引起更大規模的再灌流（reperfusion）損害和細胞死亡。隨之而來的過氧化和有毒物質對於虛弱的細胞而言，是更猛烈的威脅。在受傷區域附近的細胞為了回應這種狀況，會增加分泌細胞激素（cytokines）和趨化因子（chemokines），例如腫瘤壞死因子（tumor necrosis factor-α, TNF-α）、單核球趨化蛋白（monocyte chemoattractant protein-1, MCP-1）、第一型及第六型細胞白介素（interleukin -1β, 6）等。這些細胞激素和趨化因子會即時引起大規模的循環，進而使得白血球滲透進缺氧部位。鄰近的內皮細胞藉由增加細胞附著分子的表現量，召集更多的發炎前免疫細胞。首先滲透的細胞是單核球，它們會前往受損區域，然後分化成為巨噬細胞。免疫細胞漸漸清除細胞殘骸以及基質降解物質（matrix degradation products）。等到細胞殘骸從受傷區域清除以後，被留下來的空隙會充滿粗糙的組織。這個過程，在受傷過後幾天，會從肌纖維母細胞（myotibroblast）開始。粗糙組織主要是由一些血管、巨噬細胞、肌纖維母細胞組成。而肌纖維母細胞會留下一些膠原蛋白和其他的細胞外組織蛋白，在心臟受損一個禮拜之後，粗糙組織會發展出由膠原蛋白和肌纖維母細胞混合而成的緊實結痂與纖維化。

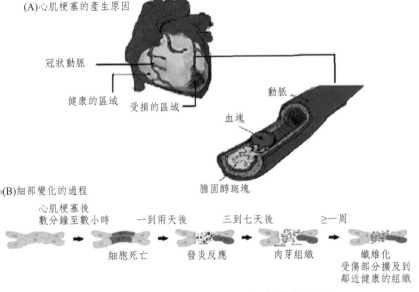

(A)心肌梗塞的產生原因

冠狀動脈

健康的區域　受損的區域

動脈

血塊

膽固醇斑塊

(B)細部變化的過程

心肌梗塞後
數分鐘至數小時　　一到兩天後　　　三到七天後　　　≧一周

細胞死亡　　　發炎反應　　　肉芽組織　　　纖維化
　　　　　　　　　　　　　　　　　　　受傷部分擴及到
　　　　　　　　　　　　　　　　　　　鄰近健康的組織

圖6-1　心肌梗塞產生的原因及細部變化的過程

　　富含發炎細胞激素和蛋白酶活動的缺氧部位，將進一步傷害附近原本健康的細胞。剩下的心室細胞承擔額外的機械負擔，使得心臟組織的完整性受到損害。因此，剛開始的局部傷害會引起連鎖效應，並擴散到心臟更大部分的區域。心肌組織損失和接連而來的結構改變，進而導致心室功能異常和電傳導不穩定，最後造成心臟衰竭和心律不整。

　　此外，非缺氧性的心臟病變（由基因突變、病毒感染、藥物濫用、化學治療等引起）也會摧毀心肌細胞，造成發炎反應、結痂的形成、心室結構改變和心臟衰竭。

利用幹細胞修復受損心臟

鑑於心肌梗塞後，心臟損害日漸加劇，最後無法恢復。近幾年來致力於動物實驗模式上，利用細胞（血管內皮前驅細胞、骨骼肌母細胞、間葉幹細胞及胚幹細胞等）移植技術修復受損心臟，並已獲得初步療效。雖然，目前這些細胞分化成心肌細胞的效率好壞尚有爭議性，但是可以確定的是，利用幹細胞與平滑肌細胞或前驅細胞治療具有下列優勢：

1. 雖然分化比例少，但能分化成血管內皮細胞，這將有利於修補心臟。

2. 這些幹細胞或前驅細胞所釋放出的存活因子，可降低梗塞區域以及刺激組織修復，如胸腺肽（$\beta 4$ thymosin）可促進傷口癒合、第二型分泌型Frz相關蛋白（secreted friz-zled-related protein 2, SFRP2）可提升細胞存活率。

利用外生性前驅細胞（progenitor cells）進行心臟修復

過去十年，分離胚胎或成人幹細胞的技術越來越成熟，很多細胞不論在自然分化過程中（例如胚幹細胞），或是在特殊誘導環境之下（例如間葉幹細胞），都有可能在體外被培養成心肌細胞。這項發現使得許多科學家紛紛投入動物的心血管疾病模型研究，希望可以得到有潛力成為心肌細胞的前驅細胞，再將它們植入受損的心肌部位，達到改善心臟功能的目的。下面將討論有助於心臟修復的細胞種類：

·間葉幹細胞（Mesenchymal stem cells, MSCs）

間葉幹細胞主要位於骨髓與脂肪組織，其作為細胞療法的優點為容易取得、易增生培養，且具較低的自體或異體排斥現象，是頗適合的幹細胞來源。間葉幹細胞具有多能分化性，除可分化成脂肪、軟骨、硬骨、內皮細胞外，亦有報告指出其可分化成具有收縮功能的心肌細胞，缺點是比率甚低且需將間葉幹細胞培養於特定條件才具分化成心肌細胞的能力。

將間葉幹細胞移植至心肌梗塞與心室肥大的實驗模式動物後，發現可改善左心室的功能和降低動物死亡率。然而，改善原因並非間葉幹細胞直接分化成心肌細胞，而是其於缺氧組織中促

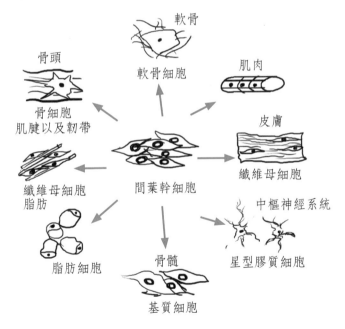

圖6-2　間葉幹細胞分化成多種細胞型態，主要會分化成硬骨、軟骨、脂肪、肌肉、皮膚及神經細胞。

進血管新生，進而保護尚存活的細胞。間葉幹細胞會釋放第
二型分泌型Frz相關蛋白（secreted frizzled-related protein 2,
SFRP2），進而保護心肌細胞，使其免於在低氧環境中凋亡。

　　此外，間葉幹細胞亦可釋出其他生長因子，如纖維田細胞生
長因子（fibroblast growth factor 1, FGF-1），趨化激素（stro-
mal cell-derived factor-1, SDF-1），強化受損心肌的修復。然
而，我們也不可忽略，有研究指出移植間葉幹細胞會有造成心肌
鈣化與骨化的可能性。

· 骨骼肌母細胞（Skeletal myoblasts）

　　骨骼肌母細胞或稱作衛星細胞，主要存在於體內的骨骼肌肉
纖維基底膜中，用來維持骨骼組織的自我平衡。骨骼肌母細胞的
優點為容易在體外被繁殖、擴增。由於骨骼肌和心肌組織的相似
性高，若將骨骼肌母細胞植入心室組織，極有可能分化成類心肌
細胞。此外，因骨骼肌母細胞能抵抗因組織缺氧的細胞凋亡，所
以將其注射到缺氧的心肌這個做法，頗為可行。

　　經由實驗證實，把骨骼肌母細胞直接注射於缺氧受傷的心臟
組織，可改善心臟功能。舉例來說，慢性心臟衰竭動物實驗模式
的大型犬，在移植骨骼肌母細胞以後，左心室功能有顯著的改
善。另外，急性心肌梗塞動物實驗模式的大型兔在移植骨骼肌母
細胞後，透過磁振造影掃描分析，發現具有增厚局部左心室及降
低心室肥大的成效。可惜的是，儘管骨骼肌母細胞看似會融入心
肌，並展現類似可以收縮的特性，卻始終無法和既有的心肌細胞
形成合適的接合，也無法和周圍主要的心臟組織電導傳遞吻合，
終導致致命的心律不整。

在心血管細胞療法中，雖然骨骼肌母細胞直接的應用十分有限，卻提供大量的細胞材料來源，因為這些細胞和心臟前驅細胞具相似性。可能的解決方法即運用心臟特殊調節因子重整細胞（reprogram），或是調整骨骼肌母細胞的結構，讓它在移植之前展現合適的隙縫連結蛋白，與宿主心肌細胞形成連結。

・骨髓產製的前驅細胞（Bone marrow-derived proqenitor cells）

2002年，美國皮耶羅・安維薩醫師（Piero Anversa）所領導的團隊在女性病人身上以男性骨髓細胞進行移植治療，發現她的心臟帶有男性Y染色體的心肌細胞。2003年，此團隊進一步發現接受女性心臟移植的男性病人，其移植後的女性心臟上帶有Y染色體的心肌細胞。以上的證據顯示了外來細胞分化、形成為心肌細胞的可能性。另外，也有實驗發現，特定一小群骨髓細胞或在血液中流動的前驅細胞可在特定的體外培養下，分化成心臟的血管內皮細胞與心肌細胞。然而，現今多數的研究顯示，骨髓細胞療法於心臟修復方面，主要分化成內皮細胞形成血管，而分化成心肌細胞的比例屈指可數。

大部分研究闡述骨髓細胞療法最大的貢獻在於促進血管新生。日本科學家高行麻原博士（Takayoki Asahara）和美國傑弗瑞・伊斯內爾教授（Jeffrey Isner）的研究團隊發現在血液循環中的$CD34^+$（表現CD34蛋白）細胞可在體外培養分化成內皮細胞，並且在體內促進血管新生。尤其是$CD34^+$/$CD133^+$/VEG-FR2$^+$這類的骨髓細胞，被稱為內皮前驅細胞，具促進血管新生，重新將血液運送至缺氧組織的功能。

另外，骨髓細胞中亦含有間葉幹細胞，前文已討論其療效，在此不多贅述。此外，尚包含一群單核細胞，其功用在於促進動脈血管的生長。換言之，單核細胞將縮小缺氧區域和增進心臟功能。雖然，骨髓幹細胞分化成心肌細胞的比例不高，但其促進血管再生的功效卻不容忽視，若能嘗試與能分化成心肌比例高的幹細胞結合治療，將可大幅提升心臟修復成效。

・胚幹細胞（Embryonic stem cells, Es cells）

胚幹細胞源自於著床前囊胚的內細胞團（inner cell mass）。最初的胚幹細胞是由生長三天半的鼠胚分離出；此技術也逐步擴大應用於其他哺乳類的胚幹細胞分離，其中也包括人類。小鼠的內細胞團只由約十五到二十個細胞組成。小鼠和人類的胚幹細胞可以在體外分化成廣泛多樣的細胞種類，當然也包括心血管的各式細胞種類。

胚幹細胞和由胚幹細胞得到的心肌細胞，經實驗證明可以嵌入被移植的心臟組織，改善心臟遭受缺氧或低溫受損後的功能。例如心肌梗塞的小鼠模式，直接注射胚幹細胞至受損的心臟後，其將分化成心肌細胞、血管平滑肌細胞和內皮細胞。移植胚幹細胞後，可發現左心室心臟收縮功能明顯改善且降低心臟重新塑型。

另一方面，胚幹細胞移植療法也可能對非缺氧遺傳性的心臟病變有所助益。例如Kir6.2基因剔除小鼠，缺少鉀離子幫浦（K-ATP）通道的功能（相當於人類心臟肥大病變），移植胚幹細胞後不僅提升其心臟收縮功能，同時降低左心室重新塑型和增加小鼠存活率。

　　透過幹細胞測試發現，胚幹細胞分化成新的心血管組織效率
位居各式幹細胞之冠。然胚幹細胞仍有下列缺失，須待日後研究
克服：第一，胚幹細胞有產生畸形瘤的傾向。研究顯示，用來治
療的胚幹細胞數目需要小心的測定移植數量，以避免無法控制的
腫瘤形成。不過，如果心臟過度表現腫瘤壞死因子（TNF-α），
可以降低小鼠產生腫瘤的機率。第二，胚幹細胞會分化成為很多
不同型態的細胞；表示在正常的分化條件之下，順利分化成心臟
細胞的機率極低（以在體外培養基中所有細胞計算，通常僅有
1%左右）。若要增加分化成為心臟細胞的數量，需要更精細的
實驗流程，例如從其他型態的細胞族群，將可分化成心臟細胞的
細胞特別地純化分離出來。目前為止，已經有方法操控胚幹細胞
的分化過程，以得到較多的心臟細胞。下一個挑戰是如何讓從胚
幹細胞分化中取得的心肌前驅細胞，能進一步成為特定的細胞種
類，例如心室或心房的肌肉細胞，或是傳導系統細胞。第三，移
植同種異體的胚幹細胞，仍然有引起免疫反應和細胞排斥的風險
需要克服。

・誘導式萬能幹細胞（iPS cells）

　　技術上的困難，加上道德議題，阻礙了胚幹細胞在臨床研究
上的直接應用，促使發展出產生類似胚幹細胞的細胞發展，稱為
誘導式萬能幹細胞（iPS cell, induced pluripotent stem cell），
即透過重整成人的體細胞或是成人精原細胞，使其被誘導成相似
於胚幹細胞的狀態，以克服技術或道德上的困境。

利用病毒載體將Oct4、Sox2、Klf4、c-Myc四個轉錄因子送進已分化的細胞中（如纖維母細胞、上皮細胞等），進而變回具有分化能力的細胞，稱為誘導式萬能幹細胞，其形態、功能、分化能力皆與胚幹細胞相似，同時也具有分化為心肌細胞的能力。

誘導式萬能幹細胞面臨的問題與胚幹細胞一致（請參考第三章及本章前一節）。

表6-1　目前可應用於心肌再生的幹細胞種類一覽表

間質幹細胞	優點	取得容易，易增生培養，且具較低的自體或異體排斥現象
	缺點	心肌造成鈣化與骨化，很難或沒有能力分化成為心肌細胞
骨骼肌母細胞	優點	與心肌組織的相似性高，能抵抗因組織缺氧的細胞凋亡
	缺點	無法和周圍主要的心臟組織電導傳遞吻合
骨髓產製的前驅細胞	優點	可分化成血管內皮細胞甚至心肌細胞
	缺點	分化成心肌細胞的比例少，會分化成其他細胞型態
胚胎幹細胞	優點	大量的幹細胞來源
	缺點	有產生畸形瘤的傾向，分化心肌比例低；有道德上的爭議
誘導式萬能幹細胞	優點	具有多能分化性，及病人專一性（可能不會有移植的排斥反應）
	缺點	操作困難，分化心肌比例低，可能形成腫瘤

臨床研究

由於動物實驗已能成功地使用幹細胞或前驅細胞來提升動物心臟遭受缺氧傷害之後的修復能力，臨床醫師基於實驗基礎上，可以進一步將細胞療法運用於因心肌梗塞導致心肌受損的病人，同時測試其安全性和功效。臨床試驗採用不同種類的細胞，包括自骨髓取得的細胞、循環系統裡的前驅細胞、骨骼肌母細胞和間葉幹細胞等，注射於受試者的冠狀動脈或肌肉內，經過追蹤，發現這些細胞治療方法是安全而且在部份的試驗中發現是可以改善心室功能的。

目前為止，嘗試用骨骼肌母細胞療法得到療效的最大的臨床試驗是菲利普‧門納許醫師（Philippe Menachè）所領導的MAGIC試驗（Myoblast Autologous Grafting in Ischemic Cardiomyopathy）。由醫生隨機挑選病人，使其接受骨骼肌母細胞或是培養液注射至缺氧心臟病變處。雖然沒有發生起初擔心的嚴重心律不整情況，但結果不甚滿意。因為接受骨骼肌母細胞移植的病人，其病情未有顯著改善。但另外也有臨床試驗結果，經過統合分析18組隨機與非隨機的試驗（包括共999個急性心肌梗塞或慢性心臟缺血病變的病患），發現移植從成人骨髓得來的幹細胞，可以改進左心室約5.40%的輸出比例（ejection fraction）；降低約5.94%結痂面積，和降低左心室約4.8毫升的收縮末期體積。值得關注的是，在多個醫學中心隨機性的臨床試驗中，204個急性心肌梗塞的病人接受冠狀動脈內的骨髓細胞注射（後再灌注療法（post-reperfusion therapy）後的3到7天內進行幹細胞注

射），並持續追蹤12個月，發現降低了心肌梗塞死亡率或是更換血管的需求。

幹細胞移植療法也可以讓慢性心絞痛症狀得到舒緩。在加拿大心血管協會（Canadian Cardiovascular Society, CCS）進行臨床試驗的病人中，若是接受自體CD34$^+$幹細胞移植的心絞痛病人和沒有接受CD34$^+$幹細胞移植的病人相比，其心絞痛的頻率降低，症狀變得較輕微，所需運動時間[1]和硝化甘油[2]的使用皆降低。

不同的臨床試驗成效不一致的結果反應了幹細胞使用方式的多樣性，以及注入細胞質與量的多樣性。舉例來說，當有比較多數量的單核骨髓細胞移植（也就是說，10^8個細胞和10^7個細胞比較），可以改進後心肌梗塞（post-myocardial infarction）病人的左心室輸出比例；另外一方面，由於病人取得自身骨髓細胞後，其遷徒及血管新生能力皆較弱，因此自體移植的細胞療法效果不彰。評定移植細胞到病人左心室的時間，也可以解釋有些心室功能的差異，因為有些療效是短暫的，這和胚幹細胞移植的動物實驗發現一致。另外，幹細胞停留在需治療的地方比例極低，連帶影響治療成效。

---

1 Brace exercise stress test：用於心肺功能檢測，利用跑步機進行檢測，此處運動時間指受試者到達一定運動量所需的時間。

2 心絞痛的患者可服用硝化甘油碇來緩解症狀。

投予幹細胞的方法

在臨床試驗上，投予幹細胞的主要方法包含冠狀動脈注射和直接心肌注射。其中以冠狀動脈注射較為常用，且注入的幹細胞被良好環境包圍，養分及氧氣提供充足，但面臨的困境是真正抵達受損區域的幹細胞並不多，估計僅有約1～2%的細胞能移動到受損區域。

前驅細胞需在黏附與穿越血管壁的交互作用下才能到達受損區域，此機制與免疫細胞被徵召至發炎部位十分相似，因此，在給予細胞前，活化受損區域與前驅細胞的黏附分子或許可以提升細胞抵達受損區域的比例。在動物實驗上已經證明：腺嘌呤核苷酸（adenosine）可增加內皮母細胞黏附血管壁的能力，其優勢為副作用低、半衰期短，運用於臨床應該能提升前驅細胞的存留率。

此外，心肌注射較能確保幹細胞抵達受損區域，然而細胞不易存活於缺氧伴隨而來的發炎反應與結痂組織環境，甚者，失去支撐的心臟會減少細胞的移植量。統計顯示在心臟沒跳動和跳動的牛隻中，注射微粒子的流失率約各占33%和89%，若注入內皮母細胞至小鼠心臟，其留存率約3%，注入小鼠心臟能活超過72小時的纖維母細胞約7%。

目前細胞移植面臨最大問題是存留率低及分化成心肌細胞的比例少，因此，極需了解細胞再生與修補機制，才能發展新的技術與突破現今細胞移植的瓶頸。

心臟再生的內生性幹細胞

傳統理論認為心臟是最終分化的器官，因此欠缺自主替換損傷心肌細胞的能力，但近年研究打破以往觀念，發現成人心臟含有些許具分化特性的幹細胞或前驅細胞，心臟的體內平衡的維持，就是依靠這些細胞換掉受傷或老化細胞。實驗證明成鼠心臟受損之後，可以產生相當數量的新心臟細胞；更有研究估計出大概50%的成人心肌細胞，在正常的一生中會有替換。這些證據顯示人體中，心臟是具有更新機制的，僅將成人心臟中幹細胞或前驅細胞作進一步介紹。

・邊群細胞（Side population cells）

邊群細胞是一群不容易被染劑Hoechest33342和Rhodamine123[3]染上的幹細胞。這群幹細胞之所以不被這些染劑染上的原因是因為表現ABCG2及MDR轉運蛋白，使得染劑無法留滯在細胞中，而邊群細胞被發現具有多能分化性。因此將心臟組織分離後利用染劑亦可分離出邊群細胞，將其與心肌細胞共同培養或加入催產素（oxytocin）和組織蛋白去乙醯酶抑制劑（histone deacetylase inhibitor）可使其表現心肌特有的基因表現，而帶有Sca-1且缺乏內皮細胞標誌CD31的邊群細胞具有分化成心肌細胞的潛能。

---

3 Hoechest33342：染色體染劑 ─┐
　Rhodamine123：粒線體染劑 ─┘ 幹細胞或特定癌細胞會將其吐出。

研究發現在心肌梗塞後，小鼠心臟的邊群細胞數目有明顯增加，造成的原因可能有二：一是原本在心臟的邊群細胞增生；二是來自骨髓的邊群細胞，但也可能因實驗模式動物不同而有所不同。有文獻指出抵達心肌受損區域的邊群細胞會分化成心肌細胞、平滑肌細胞和內皮細胞，另外，將邊群細胞進行體外培養，發現其形成帶有神經脊前驅細胞特徵的心臟球狀細胞團，進一步可分化成神經膠細胞、平滑肌細胞和心肌細胞，說明一部分的邊群細胞可能是來自神經脊（neural crest）。

・表現c-kit的前驅細胞

第二種心肌前驅細胞是表現c-kit的細胞（以c-kit$^+$表示），它會以一小群落的形式群聚在成人的心室和心房中。雖然從體內分離出來的c-kit$^+$細胞在培養基中並不會完全分化成心血管類型的細胞，但是在移植到受傷的小鼠心臟後，卻展現出十分強大的能力，可以促進心肌細胞、內皮細胞及平滑肌細胞的生成。和沒有接受移植的控制組小鼠比較，c-kit$^+$細胞可以改善小鼠心肌梗塞後約11%的左心室血液輸出比例（ejection fraction），而相同的c-kit$^+$細胞已經成功地從人類的心臟樣本中分離出來，並已進行初步的臨床試驗以測其應用在心肌梗塞的效用。

・表現Sca-1的前驅細胞

第三種心肌前驅細胞是會表現Sca-1，但不表現c-kit的細胞。表現Sca-1的細胞也會表現特定分化基因，如GATA-4。在心肌梗塞實驗模式小鼠的腹腔注入表現Sca-1的細胞，細胞會自行移至心肌受損區域，變成心肌細胞，幫助心臟修復。不過，

多數表現Sca-1的細胞會與原本的心肌細胞融合而來的，即使在處理催產素（oxytocin）後，也只有極少數分化成心肌細胞。另外，表現Sca-1但不表現CD31的細胞經特殊因子處理後，除了部份會分化成心肌細胞或內皮細胞外，將其注入心肌梗塞的小鼠，亦能增進心肌功能和血管新生。

· **表現Isl-1的前驅細胞**

第四種心肌前驅細胞是會表現Isl-1的細胞。在新生小鼠心臟發現具有表現Isl-1的細胞，這群細胞也會表現調控心肌分化的基因，如Nkx2.5與GATA4，但不會表現Sca-1、CD31或c-kit。此類細胞也可分化成心肌細胞、內皮細胞及平滑肌細胞。表現Isl-1的細胞主要參與右心血管出口、心房與右心室的形成。目前仍不清楚帶有Isl-1的前驅細胞是否能被用以做為心肌再生所用。

· **心臟球狀細胞團中的前驅細胞**

現今技術已可以從小鼠的心臟以及人類的組織檢體中，分離出心臟前驅細胞。利用酵素分解釋放圓型細胞，這種圓型細胞會形成懸浮的心臟球狀細胞團（cardiospheres）。從心臟球狀細胞團得來的細胞會表現內皮以及幹細胞的標記，在培養皿中還可分化成為心肌細胞、內皮細胞和平滑肌細胞。移植之後可形成心室和心臟細胞以及具正面的旁分泌（paracrine）效果的細胞，可改進小鼠和豬隻的心室功能，然而，若在分離心臟組織時，沒有心臟球狀細胞團的形成，就無法獲得具有分化及再生能力的前驅細胞。

表6-2　心肌前驅細胞種類一覽表

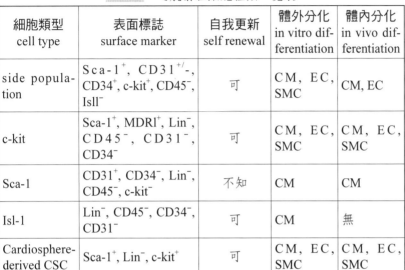

細胞類型 cell type	表面標誌 surface marker	自我更新 self renewal	體外分化 in vitro dif- ferentiation	體內分化 in vivo dif- ferentiation
side popula-tion	Sca-1$^+$, CD31$^{+/-}$, CD34$^+$, c-kit$^+$, CD45$^-$, Isll$^-$	可	CM, EC, SMC	CM, EC
c-kit	Sca-1$^+$, MDRl$^+$, Lin$^-$, CD45$^-$, CD31$^-$, CD34$^-$	可	CM, EC, SMC	CM, EC, SMC
Sca-1	CD31$^+$, CD34$^-$, Lin$^-$, CD45$^-$, c-kit$^-$	不知	CM	CM
Isl-1	Lin$^-$, CD45$^-$, CD34$^-$, CD31$^-$	可	CM	無
Cardiosphere-derived CSC	Sca-1$^+$, Lin$^-$, c-kit$^+$	可	CM, EC, SMC	CM, EC, SMC

註：CM—心肌細胞，EC—內皮細胞，SMC—平滑肌細胞，
　　CSC—心肌幹細胞

　　目前心臟幹細胞是依照帶有不同標誌的細胞群來分類，但其確切的來源尚不清楚，因此目前仍無法釐清心臟幹細胞究竟是從骨髓而來，還是原本就存在於心臟，還是經過分離過程中的由於人為因素而得到這些細胞群。因此，關於心臟幹細胞的來源還需日後進一步研究加以驗證。

上皮或內皮細胞——間葉細胞的轉移產生心血管前驅細胞

產生成人心臟的心臟前驅細胞的機制和胚胎的心臟母細胞的特殊分化有相似的途徑。在發育的時候，造成前驅細胞分化成不同組織的關鍵步驟就是表皮細胞——間質細胞的轉化現象（epithelial-to-mesenchymal transition, EMT）。於發育時期原腸胚形成的時候，上皮－間質轉化從原始的外胚層產生中胚層細胞，以及從神經上皮產生神經鞘幹細胞。儘管心臟的發育是透過型態形成的複雜運作過程（包括規劃好的大量的基因運作），它也可以分成一系列的上皮－間質轉化。每個上皮－間質轉化產生不同組的心血管前驅細胞，這些細胞可以分化成為成熟心臟中的細胞組成。

第一個上皮－間質轉化引起的心血管前驅細胞在原腸胚形成時發生。當外胚層的表皮細胞開始分層，轉換成間質幹細胞的特性，進而移動形成中胚層。在原條中[4]，上皮細胞分層的時間點和位置決定了胚胎發育中，中胚層/間質細胞的距離，而這也會決定它們之後的命運。在側板[5]中，在前腸旁邊的中胚層細胞會

---

4 於生物發育最一開始，胚體會形成一個主軸，依此主軸向外擴張，此主軸即為原條。

5 脊椎動物和無頭類生物發育早期時，中胚層夾持中軸器官，由兩側向腹側擴展，腹側（或側方）的區域不出現分節現象，這個區域稱為側板。

分化成為前驅細胞，這些前驅細胞會表現早期心臟分化調節的基因，如*Nkx2.5, Mef2c*和*Gata4*。

早期的心臟母細胞會分成主要和次要的心臟區域（primary and secondary heart fields）。主要區域的心臟幹細胞會形成最初的心管，這個心管會圍繞心內的血管層，主要貢獻在未來的左心室；次要區域會移動並包住最初的心臟，然後形成心房、右心室以及部分的左心室。位於主要心臟區域的前驅細胞所扮演的角色，或許會被在胚胎形成最初的心管所限制；然而位於次要區域的細胞，以表現Isl-1基因當作標記，數量雖少，但在發育過程中持續表現，從新生的心臟成長一直到成人心臟。分離表現Isl-1的細胞可以製造出心肌細胞、平滑肌細胞及內皮細胞。

第二個上皮－間質轉化會塑造出心臟的形狀，這個轉變發生在當心內細胞的亞群（最初內部心管的內皮細胞）在心房心室的管道區域中，經過了內皮到間質的轉化（endothelial-to-mesen-chymal transition, EndMT），然後移動到鄰近的心臟凝膠，進而建造出心內墊，心內墊在以後會發展成為心臟瓣膜。有證據顯示內皮－間質轉化過程在成人的瓣膜中仍持續進行，供應細胞以維持和修復瓣膜的功能。

第三個上皮－間質轉化發生在心外膜細胞於心臟外表面形成上皮時。前心外膜組織在發育過程早期（在臟壁中胚層中長得像花椰菜），會貼附心臟的外層表面，而且在單上皮細胞層中延伸至整個器官，稱作心外膜。很快的，上皮心外膜會經歷上皮－間質轉化，產生一種稱作「心外膜來的前驅細胞」的間質細胞（epicardial-derived progenitor cells, EPDCs）。心外膜來的前

驅細胞會湧入心臟組織並分化成為發育期間冠狀血管的組織間隙的纖維母細胞、血管周圍的纖維母細胞和平滑肌細胞。研究顯示，移植胚胎的心外膜來的前驅細胞可以改善小鼠心肌梗塞後的心臟功能，但是細胞不會分化成為心血管的細胞。

第四個上皮－間質轉化發生在神經管，而且會在頭蓋骨和軀幹的神經鞘中產生心臟神經鞘前驅細胞，並移動到心臟；然後在主動脈和動脈的重新塑型中發揮作用，以及在心臟外流道和肺的動脈之間形成隔膜。最近有研究指出，在成人心臟的神經鞘幹細胞，具有參與血管新生形成和修復心臟缺氧受傷後的纖維化能力。

🌱 上皮或内皮──間質轉化過程對於心臟受損與再生的貢獻

在胚胎發育過程中，上皮－間質轉化過程在組織發育中扮演重要角色，但在成體再生過程的貢獻仍未明確。過去研究指出上皮－間質轉化過程代表著癌細胞（癌幹細胞）的高度分裂與轉移的開始。近年來研究指出上皮－間質的轉化現象也代表著具有幹細胞特徵的成體細胞，因此，在心臟發育中，上皮－間質的轉化現象與内皮－間質的轉化現象，主要促成形成心血管前驅細胞以維持心臟的恆定性。

除此之外，上皮－間質轉化過程也在心臟纖維化時幫助形成肌纖維母細胞，因此在心臟受損時，上皮－間質轉化過程於再生與纖維化皆扮演重要的角色。這就如同胚胎發育時期，内皮與上

皮細胞在損害發生時會活化,而形成心臟、血管、肌纖維母細胞及平滑肌細胞。

Wnt傳遞路徑,幹細胞與纖維化

已有實驗證據顯示上皮或內皮細胞-間質轉化現象和幹細胞及纖維化的生成兩者之間的連結,這兩個過程是受複雜的調控網路控制,其中已經被大量探討的是Wnt傳遞路徑。典型的Wnt傳遞路徑與目前多數種類幹細胞的生成、維持和成長都有關聯,包括神經幹細胞、造血幹細胞、腸上皮幹細胞、骨骼肌衛星細胞、肝臟幹細胞、肺臟幹細胞等。典型的Wnt傳遞路徑也對胚胎心臟幹細胞的成長與功能調節扮演關鍵角色。反之,抑制典型的Wnt傳遞路徑然後活化非典型的Wnt的傳遞路徑,對胚胎或是成人的前驅細胞分化形成心肌細胞具關鍵性。

典型的Wnt傳遞路徑會抑制肝醣合成酶激酶（glycogen synthase kinase-3β, GSK-3β）,導致去磷酸化和穩定細胞質中的β連環蛋白（β-Catenin）。此蛋白之後會進入細胞核,在細胞核活化目標基因,包括轉錄的抑制子Slug和Snail,這兩個抑制子會停止細胞附著蛋白（像是E-cadherin）的表現,鬆開上皮細胞間的連接。不緊密的上皮細胞很快的會重新安排它們的細胞骨架結構以及增加複製分裂的能力,β連環蛋白透過誘導基因表現細胞週期蛋白D（cyclin D）和c-Myc,來調控這些反應。因此,Wnt信號通路是相當關鍵的調控機制,其控制幹細胞中兩個重要事件:一為上皮或內皮-間質轉化現象、細胞週期及纖維化的調

控；二為透過上皮或內皮－間質轉化現象和細胞增生，以控制間質細胞的產生。概括而言，上述實驗結果說明了適當調節Wnt信號通路可能是平衡心臟受損後纖維化和再生的關鍵。

心臟的修復與再生

本處於平行線上的組織修復以及再生現象似乎具有關連性；如同幹細胞一般，肌纖維母細胞也具有多種來源，可能來自於骨髓幹細胞、間葉幹細胞或是內皮與上皮間質轉化而來。帶有多能分化性的間葉幹細胞在心臟受損區域可能有既定的模式，使他們分化成一些特定的組織修復心臟；此外，從骨骼肌相關實驗得知這群間葉幹細胞可能取代失去功能或死亡的細胞。

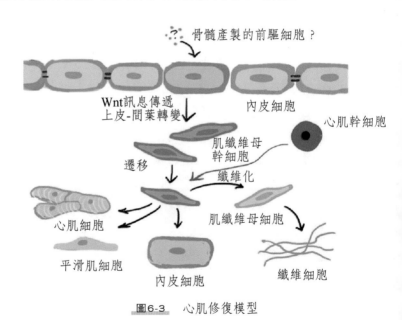

圖6-3　心肌修復模型

很多前驅細胞、骨髓，或是來自內皮、心外膜和神經鞘的細胞，會在心臟受損之後參與修補復原過程，但為何需要這麼多不同種類的細胞呢？是不是心肌梗塞後會有一些特殊的關鍵情形可以動員所有可用的資源？或者，不同種類的細胞會表現不同功能，像是補充心肌梗塞後死亡的心肌細胞、內皮細胞、平滑肌細胞、傳導系統細胞和神經元等？

如果前驅細胞在受傷之後被動員了，為何肌纖維母細胞和纖維化的功能還會如此顯著？更甚者，不同種類的幹細胞已經可以成功的在體外分化成心肌細胞、平滑肌細胞、內皮細胞，然而幹細胞療法的功效卻仍然有限。在一般的情況下，幹細胞會做好個別份內的工作以維持心臟的平衡；但遇到發炎蛋白、細胞凋亡分泌的毒性物質或崩解中的細胞外基質時，卻會呈現修補作用或促進纖維化的顯性作用。從目前的研究結果推測，間葉幹細胞會因細胞外間質的張力和其他環境因素的不同，而採取不同的行動；我們也可以想像，只有肌纖維母細胞可以在惡劣的疾病環境中生存。

過去幾年裡，全世界前仆後繼致力於心臟修復和再生領域相關議題，卻還無法將成果統合起來。雖然心臟修復過程複雜需要許多幹細胞的參與，卻也反映出自然界中心臟生成過程的複雜性，這個過程在胚胎發育時的許多階段都會有不同的前驅細胞參與心臟組織發育。目前研究的最大挑戰，就是分離和研究在心臟中不同種類的幹細胞群，透徹了解它們在心臟修復和再生時期所扮演的角色；或者心臟遭受如心肌梗塞等嚴重傷害，前驅細胞如何調整各自的角色。假設當前驅細胞面臨於組織再生和結痂形成

之間的抉擇時，如何辨別內生的分子機制以及環境的因素，何者是最具關鍵性的影響。掌握這些關鍵資訊之後，或許可以幫助加強成人的心臟再生能力，或者可以讓更多的移植幹細胞，在體內分化成心血管組織，達成真正的心臟再生！

Chapter 7

幹細胞與神經性疾病的修復

蘇鴻麟
潘宏川
林欣榮

引言

　　神經系統的功能主要在接受外界感覺並控制身體的運動，以做出對外在環境的適當反應。除了感覺與運動外，神經系統也負責控制體內環境的恆定，例如心跳、血壓、呼吸與消化道的蠕動等。除此之外，大腦的部分區域還控制學習與記憶、情緒、認知與語言發展。就解剖上來區分，神經系統可分為中樞神經系統與周邊神經系統。中樞神經系統為腦與脊髓，周邊神經系統則有自主神經系統與非自主神經系統，而非自主神經系統則可再分為交感神經與副交感神經。

　　就細胞層次來看，神經細胞可分為神經元（neuron）及神經膠細胞（glia），神經元為神經系統的主要功能單位，而神經膠細胞可分為星狀細胞（astrocyte）與寡樹突細胞（oligodendrocyte）兩種，負責維持神經元的環境恆定與加速神經傳導。神經元的型態有一細胞本體（soma）以及細胞突起（cell process）。細胞突起分為負責接受訊息的樹突與傳出訊息的軸突。軸突一般較樹突為長，可與其他神經細胞、肌肉或腺體接觸，而此接觸的地方會形成一特殊構造，稱為突觸（synapse）。神經元藉著在突觸的地方釋出神經傳導物質，例如乙烯膽鹼（acetylcholine）、麩胺酸（glutamate）、多巴胺（dopamine）、血清素（serotonine）等等，來控制接觸的神經元的活化或抑制，或是控制肌肉的收縮、腺體的分泌等等。突觸後的神經元具有神經傳導物質的受體，當受體與受質接觸，受體活化後，可興奮或抑制神經衝動，並將神經元的電訊號藉著化學物質的釋放，傳遞到下一個神經元。

　　神經元無法增生，因此細胞一旦死亡，則常會造成無可彌補的傷害。成年哺乳類的中樞神經系統除了在少數區域可以藉由神經幹細胞生成新的神經元外，大部分區域的神經元數目出生後就一直保持相同的細胞數。當神經受損時，如果受傷的區域不大，神經元可以藉由神經間的重新連接，來幫助身體功能的回復。但當有大區域的傷害時，通常會造成長久性的功能喪失。對於因神經元死亡所造成的長久性功能喪失，一直缺乏有效的治癒方法。近幾年來，幹細胞學的研究提供了治療神經性疾病一個新希望。在本章節中，我們先以目前利用幹細胞以治療神經性疾病所進行的人體試驗為開端，介紹目前的臨床進展，接著介紹各種幹細胞的特性與其於神經疾病方面的應用。最後再討論目前利用細胞移植對於神經損傷的治療仍面臨的困難與挑戰。

 **人體試驗**

一、巴金森氏症

(1)盛行率

　　巴金森氏症盛行率僅次於阿茲海默症，為老年常見之神經退化性疾病。依據近年美國波士頓區的調查報告，症狀像巴金森氏症之病患，於65歲以上者約占15%，75歲以上者約35%，85歲以上者則高達55%以上。巴金森氏症在臨床上有三個主要症狀，包括四肢及軀體顫抖、僵硬，且行動緩慢。就外觀而言，巴金森氏症的病患走路時面無表情，身體向前微傾，步伐很小，行走很緩慢，雙手則僵直地貼在身邊，轉彎時，病患經常原地小步伐地慢慢轉身，待完全轉正後才又慢慢往前走。

(2)病因與病理特徵

巴金森氏症之病理特徵是中腦黑質組織內的多巴胺細胞死亡。正常黑質組織內約含二十萬個多巴胺神經細胞,由於這些神經細胞含有黑色素,裸視下這群神經細胞所在的區域呈現黑色,故稱之為黑質組織。黑質組織位於中腦腹側,約胚胎四到五週時,神經細胞才開始分化為多巴胺神經細胞,並漸漸伸出神經軸突,向距離約2公釐外的紋狀體(尾狀核及被殼之合稱)生長,形成所謂黑質紋狀路徑,並與紋狀體內的乙醯膽鹼及丁氨基酪酸(r-aminobutyric acid, GABA)神經元接合。這些多巴胺神經可分泌多巴胺,專司控制運動的協調。這些神經少許的退化,並不會引起任何運動的不協調,但當退化超過50%時,便開始出現輕微症狀,包括肢體顫抖、僵直及動作緩慢。右側黑質的退化則會引起左側肢體症狀,反之亦是。神經退化愈多,則上述症狀會愈嚴重。造成黑質組織退化原因不明,一些研究結果推測多巴胺神經元的退化、死亡可能與基因表現缺陷有關,部分基因的不正常表現影響了粒腺體電子傳遞鏈的第一複合體,以致於細胞內產生過多的自由基,使細胞產生過氧化而退化、死亡。此外,研究也發現一種麻醉藥的衍生神經毒素MPTP,也可選擇性的使黑質多巴胺神經細胞粒腺體內的第一複合體破壞,以致細胞過氧化而死亡,造成人類及猿猴的巴金森氏症。除了上述兩種原因外,腦血管破裂及其他多發性的腦組織退化也可造成黑質組織之病變。

(3)臨床診斷

巴金森氏症之診斷除了依據臨床症狀包括顫抖、肢體僵直或行動遲緩外，最重要的依據是氟18多巴之正電子腦斷層攝影。此種檢查的原理是由靜脈注射放射藥物氟18多巴，此藥物會被多巴胺神經吸收。巴金森氏症病患之多巴胺神經多已退化超過百分之七十以上，因此多巴胺神經已大量減少，吸收氟18多巴的量較少。利用正電子電腦斷層攝影，就可正確的測量出吸收量，知曉多巴胺神經存活多少，而得以診斷是否為巴金森氏症，並與其他疾病作鑑別診斷。

(4)臨床治療

A.藥物

初期巴金森氏症主要是藥物治療，藉由供給多巴藥物，以便製造出更多的多巴胺來彌補退化的神經所減少的製造量。早期五年內的巴金森氏症患者，對於多巴藥物的療效反應皆相當不錯。但由於巴金森氏症為一進行性的退化疾病，以至多巴藥物會愈服用愈多。許多病患在服用藥物幾年後，會出現藥物副作用，包括幻覺、噁心、腸胃不適，甚至全身不自主的肢體舞蹈等。

B.外科手術

由於藥物治療無法控制嚴重病患之症狀，改善病患生活品質，因此外科手術治療便成為重要的治療方法。目前主要的手術方法分為三種。第一種是燒灼切開術，也就是把腦部某些小區域加熱，使局部的神經細胞失去功能，這些區域包括蒼白球，視丘，及視丘下核等。經過研究已證實，當多巴胺神經死亡時，上

述三個地方的神經細胞功能就會大大增強,結果就好像車子的煞車被用力踩住一樣,人的動作就變得相當緩慢、僵直。破壞蒼白球區,病患就較不會肢體僵直,行動會較快速。破壞視丘,病人就不會顫抖。破壞視丘下核,病患的所有症狀就會減輕,藥效也會增強。

第二種則是埋入電極,埋電極至上述三個區域中的一個,效果與燒灼破壞類似。其原理是電極通電後,局部的神經細胞就會失去功能,就像車子的煞車已被鬆開,病患肢體活就會較好。受電極手術病患,原則上是同時植入兩側的視丘下核為主,一旦兩側同時通電,病患走路就會相當方便,日常生活品質也就大幅改善,口服藥物也大幅減少。

C.細胞移植

植入正在生長的胚胎多巴胺先驅細胞進入紋狀體後,可使多巴胺增多,改善巴金森氏症的症狀。由於多巴胺神經細胞位於中腦腹側,利用流產胚胎組織的中神經先驅細胞移植入病人的紋狀體來治療巴金森氏症,在1990年代在許多動物及人體實驗中,被證明是理論可行且有長期效果的治療方式。但實驗也發現,移植後的細胞其存活率相當低,常少於20%,而且存活的細胞與宿主細胞無法正確連接,所以在兩個大規模的人體試驗中,包括執行雙盲測試(施術者與評估人員均不知受試者的試驗條件)、手術控制組(執行相同外科手術但不破壞腦組織)、移植的控制組試驗(執行相同外科手術但打入腦中的溶液中不含細胞)等嚴謹分析下,試驗結果顯示,移植後的病人結果差異大且移植與否並無顯著不同,甚至在部分的受移植病人中有出現明顯副作用,如

不自主的動作等。再者由於移植的組織來自流產胚胎,也會有醫學倫理的問題產生,因此目前以流產胚胎組織進行治療的方式驗大多已不再繼續進行。

許多科學家認為胚胎細胞移植的成效不彰,有可能是因為許多重要因子的考慮不周全,例如病患的條件、試驗設計、胚胎的處理與手術的技術等因素,造成實驗的差異過大。如果可以考慮更周全的方式,開發新的藥物或改善細胞處理方式以增加移植細胞的存活率,並改進移植方法等,應該可增加受試者的成功機率。

由於幹細胞技術的突飛猛進,中腦多巴胺神經元的來源目前已經可以經由人類胚幹細胞,或是經由人類的誘導式萬幹細胞的分化,獲得數目眾多的多巴胺神經細胞,除可以避免流產胎兒的倫理問題外,細胞的品質控制也可以有更全面的監控,以保障移植細胞的不受污染與穩定性。

二、腎上腺白質退化症

法國巴黎大學於2009年結合血液幹細胞與基因治療的尖端科技,成功治療小兒大腦型腎上腺腦白質退化症病童的結果,鼓舞了神經科學界,也使人們對於以基因治療方式解決神經性疾病的可能性,重新燃起了信心。腎上腺腦白質退化症(adrenoleukodystrophy, ALD),為一遺傳性神經退化性疾病,由於電影「羅倫佐的油」以及高雄張家三兄弟於2005年的募款事件而使此罕見疾病受到社會大眾的注意。

此病的突變基因為ABCD1(ATP-binding cassette transporters, subfamily D, member 1),位於X染色體,屬於隱性性

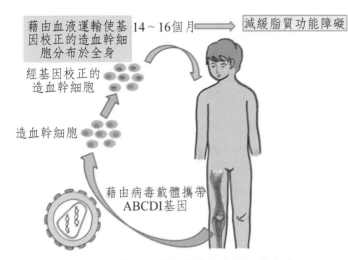

圖7-1　腎上腺腦白質退化症幹細胞療法

絲遺傳的代謝性疾病。ABCD1的突變可造成細胞內無法將非常長鏈飽和脂肪酸（very long-chain fatty acids, VLCFA）送入過氧化小體（peroxisome）中分解，導致由食物來源之，非常長鏈飽和脂肪酸於細胞內大量累積，造成中樞與周邊神經系統中的髓鞘合成受阻，阻礙神經傳導。非常長鏈飽和脂肪酸的累積有時也會造成腎上腺髓質細胞的死亡，造成組織的萎縮與其功能的喪失。小兒大腦型腎上腺腦白質退化症的病童發病年齡通常於10歲以前，發病後會出現學習障礙、視覺及聽力障礙及癲癇。三年內神經系統會快速退化，伴隨著自主及運動能力喪失，患者多於15歲內死亡。

目前積極的治療方式為骨髓移植，使移植後的正常血液細胞於患者體內可以代謝非常長鏈飽和脂肪酸，減低其於神經組織內的累積。但有時會因為組織排斥或感染造成移植失敗。為克服沒有合適配對的捐贈者的骨髓，以及減低排斥的風險，法國科學家利用純化後患者的自體血液幹細胞，並感染帶有正常ABCD1基因的慢病毒（lentivirus）。使經基因轉殖後的血液幹細胞再送回兩名患者體內時，可持續表現正常ABCD1基因，藉以分解血液中的非常長鏈飽和脂肪酸。試驗經14～16月後，發現經此方法治療後，可抑制疾病的惡化，其效果與移植骨髓相當，證明利用血液幹細胞合併基因治療為一有效延緩此神經性疾病的方法。

值得注意的是，雖然經改造後的血液幹細胞可以有效控制腎上腺腦白質退化症患者的神經退化，但是因為腎上腺腦白質退化症是屬於代謝性疾病，植入的血液幹細胞主要功用為降低血液中非常長鏈飽和脂肪酸的濃度，但是否可減低大腦內累積的非常長鏈飽和脂肪酸並不清楚。此外，經慢病毒感染之後的安全性評估，也需要更長的時間來驗證其安全性。

三、缺血性中風

中風主要由於腦部血管破裂或阻塞所引起的腦功能喪失。在許多先進國家為僅次於癌症的第二大死因。急性中風常造成永久性的神經傷害，造成感官與運動功能障礙。腦血管內皮細胞的老化與栓塞常造成缺血性中風，而中風的危險因子包括有高血壓、高血脂、高膽固醇等三高因子，以及高齡、糖尿病病史等。

目前對於急性缺血性中風的治療方法多使用溶血栓藥物，有時合併抗血小板藥物以打通腦血管。但因缺血而死亡的腦細胞則

無法復原。一般中風病人經治療與復健後，雖然死亡的細胞無法修復，但因為神經細胞的可塑性（plasticity），即神經細胞的連結的重新建立，一般患者多會於半年內有部分功能性恢復。但若中風六個月後仍有失能情形，則為慢性中風，此後患者神經功能的回復則非常緩慢。

　　目前利用血液幹細胞或間質幹細胞來控制此疾病的研究，在國外與國內均有人體試驗的成功案例。以本篇筆者為例，也是台灣神經外科權威，中國醫藥大學附設北港醫院院長林欣榮率領的研究團隊所完成的人體試驗中，經血液給予顆粒球細胞生長因子（granulocyte colony-stimulating factor, G-CSF）並合併自體血液幹細胞（CD34$^+$ cells）直接注射腦中，可成功改善急性與慢性缺血性腦中風患者的運動功能。且經持續復健與治療後，觀察六個月後發現，合併G-CSF與血液幹細胞無明顯副作用，且六十歲以下患者的運動功多能獲得改善。

出血性中風　　缺血性中風

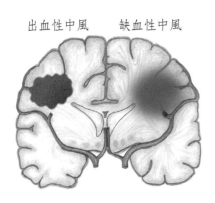

圖7-2　　腦中風合圖

四、脊髓神經損傷

　　脊髓神經損傷多由外力引起，如車禍、高處跌落、運動傷害等，少部分為感染及遺傳性疾病，如脊髓性肌肉萎縮症（spinal muscular atrophy, SMA）與肌萎縮性側索硬化症（amyotrophic lateral sclerosis, ALS）。由於脊髓損傷的年輕患者眾多，且需要長期醫療照顧，常造成家庭與社會的重大負擔。

　　目前對脊髓神經損傷沒有有效的治療方法。發生傷害早期多以類固醇藥物控制發炎反應，但對後期對於防止神經細胞的死亡與促進神經軸突的生長方面，目前沒有有效藥物。雖然部分實驗動物結果證實幹細胞可幫助動物運動功能的改善，但目前在人體利用幹細胞治療脊髓神經損傷尚沒有特別令人振奮的消息。在利用間葉幹細胞直接注射入脊髓內，以治療ALS病人的先期安全性試驗中，有發現部分受試者發生疼痛、發燒、感覺混亂等副作用。治療「超人」克里斯多福・李維（Christopher Reeves）的

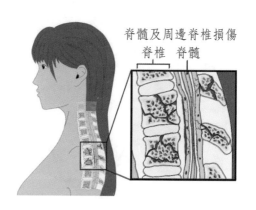

圖7-3　脊椎損傷

主治醫師楊詠威（Wise Young）博士，目前正展開利用幹細胞來治療脊髓神經損傷的大規模人體試驗，台灣的慈濟醫院與中國醫藥大學均有參與，希望這個計畫不久就能為這些病患帶來重新站起來的新契機。

應用於神經性疾病的幹細胞

由以上人體實驗結果得知，藉由提供神經細胞以修補神經系統損傷的方式，目前雖然在細胞來源方面有一定的進展，但就整個修復的目標而言，還只是跨出了一小步而已。在治療方面，除了需要有適切的神經細胞的數目與種類，細胞移植後的長期存活率，以及移植環境的影響都有待進一步的深入研究。而且移植後的神經細胞如何正確的與宿主細胞連接，使得細胞的功能受到宿主的控制，於正確的時間與條件下發揮功能，更是日後研究人員的一大挑戰。

為瞭解整體研究的發展，以下分別敘述不同幹細胞對神經疾病治療的研究，以及如何利用幹細胞來影響移植微環境（niche），及使移植細胞形成與宿主細胞正確的連結的最新現況，做一簡要介紹。

一、治療神經性疾病的幹細胞種類

(1)胚幹細胞

胚幹細胞非常原始，理論上胚幹細胞可分化成所有種類的細胞。就神經系統而言，目前已證明胚幹細胞可分化為中樞系統中

的大腦神經元、視神經節細胞、下視丘神經元、中腦的多巴胺神經元與血清素神經元，以及脊髓的運動神經元等等；周邊神經則有背根神經節中的感覺神經元與交感、副交感神經元等，換言之，研究已證實胚幹細胞幾乎可分成神經系統中大多數重要的神經元種類。

此外，胚幹細胞可藉由分子生物學的操控，以標定表現特定分子的細胞。例如homeobox gene HB9，只會於體內脊髓的運動神經元表現。因此研究人員可構築含有HB9的啟動子與綠色螢光蛋白質基因的質體，再將此質體送入胚幹細胞，使其嵌入染色體中。含有此質體的胚幹細胞當分化成運動神經元時，即會呈現綠色螢光。此時研究員就可利用流式細胞分選儀將表現螢光的細胞分選出來，此螢光細胞即是脊髓的運動神經元。利用螢光標定與細胞分選，即可獲得大量的特定細胞，以利後續的培養、分析與移植。

由於胚幹細胞分裂快，可分化成三種胚層組織，將未分化的胚幹細胞打入免疫缺陷小鼠體內時，會產生良性畸胎瘤（tera-toma）。因此如果想利用胚幹細胞所分化而來的細胞做細胞移植時，必須針對特定細胞種類建立一細胞標定系統，以除去未分化細胞與非目標細胞，才能確保移植細胞的不受其他細胞的污染以及降低日後腫瘤發生的危險性。

(2)誘導式萬能幹細胞

雖然胚幹細胞容易於體外培養與增生，並因此可以獲取大量所需的特定細胞。但胚幹細胞的取得大多需要破壞胚胎以取出內

細胞團塊，因此會有醫學倫理上的爭議。為解決此一問題，日本京都大學教授山中伸彌（Shinya Yamanaka）利用四個轉錄因子，藉由反轉錄病毒的攜帶，同時感染纖維母細胞，可成功將纖維母細胞重新編程（reprogram），轉變為類似胚幹細胞的細胞。此結果顛覆了一般認為分化過程為不可逆的想法。此四個轉錄因子包括Oct4、Sox2、Klf4以及c-myc。除了c-myc為一般增生細胞均有表現外，其他三個轉錄因子則特別表現於胚幹細胞中。藉由此方法所建立的胚幹細胞被命名為誘導式萬能幹細胞。

誘導式萬能幹細胞的細胞型態、基因表現、分化能力與形成畸胎瘤的能力與正常胚幹細胞大多相同。但是其表基因型態（epigenetic pattern）與正常胚幹細胞仍有顯著不同，對許多表基因的控制情形也不如正常胚幹細胞完整，因此當由纖維母細胞由來之誘導式萬能幹細胞分化成不同胚層來源之細胞時，如神經細胞，其效率常遠低於正常胚幹細胞。

(3)誘導式神經元

如果強制表現胚幹細胞相關的基因可以使纖維母細胞轉變成胚幹細胞，理論上，也可以使纖維母細胞轉變成任何一種特定細胞。神經細胞由於其不易培養複製與難以取得，因此為許多研究人員的首要目標。美國史丹佛大學的馬瑞歐斯・維尼格（Marius Wernig）博士首先發表，強制表現三種神經細胞專一轉錄因子Ascl1、Brn2及Myt1l，可將小鼠纖維母細胞轉變為有功能性的神經元，稱為誘導式神經元（induced neuron）。此神經元除表現神經細胞專有的基因外，並可產生動作電位與形成功能性的突觸。

(4)誘導式多巴胺神經細胞與誘導式脊髓運動神經元

最近的實驗結果也證明人類的纖維母細胞可以不經由神經幹細胞的時期，直接轉變為多巴胺神經元與脊髓運動神經元。義大利米蘭的科學家瓦尼亞‧布羅格利（Vania Broccoli）的團隊發現，將三種中腦多巴胺神經發育的重要轉錄因子，Ascl1（Mash1）、Nurr1及Lmx1a送入人類的纖維母細胞，可以直接產生具有功能的多巴胺神經元。此種誘導性多巴胺神經元如正常中腦多巴胺神經元一般，可以釋放多巴胺，產生正常的突觸，且如同正常多巴胺神經元一般，可以產生自發性的神經衝動。令人興奮的是，對患有巴金森氏症病人的纖維母細胞，也可以利用這三個因子使其分化成為多巴胺神經元。幾乎是同一時期，2011年中，瑞典的團隊也發表論文證實利用結合Ascl1、Brn2、Myt11，以及多巴胺神經元的專一性轉錄因子，lmx1a及foxA2等共五種因子，可直接轉變人類的纖維母細胞成為中腦的多巴胺神經元。

相同的想法也在脊髓的運動神經元中被證明是可行的。哈佛大學凱文‧艾根（Kevin Eggan）博士的研究團隊證明，表現七種轉錄因子，包括Ngn2、Hb9、Isl1、Lhx3、Ascl1、Brn2以及Myt11，可使人類的纖維母細胞轉變為脊髓的運動神經元。此誘導式運動神經元的型態、基因表現、電生理的情況以及突觸的控制等，都與正常的運動神經元相似。

由於目前能夠得到大量且具有功能的多巴胺神經元或運動神經元的方式只有利用胚幹細胞或是誘導式萬能幹細胞，將其分化為神經幹細胞後，再利用外源性因子將其誘導成多巴胺神經元或

運動神經元。直接將纖維母細胞分化為這兩種細胞，且證明其具有電生理的功能性，實為神經科學的一大突破。將來研究人員可利用此細胞分析相關基因的調控以及利用此細胞於動物實驗，檢視其是否可以幫助修復受損的神經區域，重建神經網路與動物的運動功能。

(5)神經幹細胞

　　哺乳類的神經細胞，除小腦顆粒細胞外，大多於出生後不再分裂複製，因此一旦神經細胞死亡就不能補充新的細胞。但是在成人的腦中的部分區域，如腦室旁區域（subventricular zone, SVZ）與掌管短期記憶的海馬迴（hippocampus）這兩處，仍有生成新的神經細胞的能力。經研究發現，此兩區域的部分細胞可表現增生細胞的分子標記，如Ki67等。在動物實驗中也發現，當將類似核酸的物質BrdU打入體內時，此區域的細胞也會吸收BrdU，證明標定的細胞可進行分裂生長。在1992年布倫特・雷諾斯博士（Brent Reynolds）與撒母耳・魏斯博士（Samuel Weiss）首先發現，利用懸浮培養技術透過形成神經細胞圖（neurosphere），可以培養與增殖紋狀體區域的神經細胞。增殖後的細胞經分化後，可產生神經元與神經膠細胞（glia）。接下來許多研究者利用此neurosphere培養技術，在含有表皮生長因子（epidermal growth factor）與纖維母細胞生長因子（fibroblast growth factor）的培養條件下，證明在腦室旁區域與海馬迴均存在有可自我更新增生的神經幹細胞，且此細胞經分化後，可轉變成為神經元、星狀細胞與寡樹突細胞，這些重大發現奠定

了哺乳動物腦內存在有神經幹細胞的基礎，也顛覆了早期神經生物學認為神經元的數目於成人腦內不會增加的既定原則。

由於哺乳類神經系統的發育在早期神經管形成後，神經上皮細胞（neuroepithelial cells），或稱為神經母細胞（neuroblast），會不斷分裂使神經管組織呈現偽狀複層上皮。神經上皮細胞在分化時，先以形成神經元為主，隨著胚胎的增長，接下來分化產生的是神經膠細胞，出生前後寡樹突細胞才開始產生。經由神經幹細胞的發現，研究人員重新審視大腦的主要神經元的產生（neurogenesis），一個非常有趣的發現是，雖然胚胎早期的神經上皮細胞主要分化為神經元，包括中腦的多巴胺神經元與血清素神經元，但是大腦的神經元主要並非直接由神經上皮細胞所產生，而是由一群以輻射狀排列於大腦皮質，表現神經膠質纖維酸性蛋白質（glial fibrillary acidic protein, GFAP）的細胞所產生。由於神經膠質纖維酸性蛋白質為神經膠細胞特有的中間絲蛋白質，並為鑑定神經膠細胞的主要標誌分子。因此研究員將此可產生大腦神經元的細胞命名為輻射神經膠細胞（radial glia cells, RG cells）。研究員也發現，在整個中樞神經系統中神經元的產生，早期神經上皮細胞所佔的比例相當低，大多數的神經元均由輻射神經膠細胞所產生。這些研究推翻了早期認為大多數的神經元（neuron）由神經母細胞（neuroblast）所產生的觀念。

由以上結果得知，在哺乳類動物的腦中，胚胎時期的神經上皮細胞先分化為輻射神經膠細胞，而輻射神經膠細胞可自我複製，並再分化為神經元、星狀細胞與寡樹突細胞。輻射神經膠

細胞在出生前多已分化成為星狀細胞，但仍有部分細胞沒有分化，留存於成體的腦室旁區域與海馬迴中，即為成體的神經幹細胞。就型態而言，在成體的輻射神經膠細胞與其胚胎時期的細胞相同，細胞的本體位置均位於大腦腦室旁，細胞突起（cell process）延伸到皮質區域的最外側，有如腦內的輻射排列的支架。新生的神經細胞可沿著此細胞支架，由腦內部的腦室區域往外移行到不同區域的腦組織。

　　有趣的是，在魚類與爬蟲類的部分腦部，輻射神經膠細胞為組織中的主要細胞。在一些鳴禽（songbird）的鳥類，如在金絲雀（canary）或錦花雀（zebra finch）中也發現，其大腦內的神經細胞終其一生均有新生的神經元產生。研究也發現，由成體神經幹細胞所新生的神經元數目與金絲雀歌唱的學習間有著密切的關係，以下筆者就這個非常有趣的發現做一簡單介紹。

　　對成年的雄性金絲雀而言，一般一首歌會有20到40種不同的音節，而這些音節的節奏每個繁殖季均有所不同。平常的日子裡，每隻雄性金絲雀所唱的歌的旋律與節奏都不相同，但在繁殖季時，同一區域的金絲雀所唱的歌曲的音節與節奏會漸漸相同，且會重複性的在不同的金絲雀中傳唱，有如經過一番歌唱大賽後，選出最佳流行歌曲。而本季最佳流行歌曲，便會於所有的金絲雀中傳誦，最後大家都學會這首歌，且一起同唱此樂曲。

　　但是過了繁殖季，大部分的金絲雀就不再同唱流行歌曲，而開始各唱各的，出現有著不同音節的歌曲。另外，研究也發現，單一個別金絲雀在非繁殖季時，每個月所會唱的歌大多相同。歌曲雖多少有些許差異，但多是音節加加減減，或是節奏上的改變

而已。但是在繁殖季的晚期時，就單一隻金絲雀而言，這時所唱的歌曲的差異程度，會比一般時期來的劇烈，如部分常唱的歌曲可能變得很少唱，或是歌曲的音節上的改變甚大等。

金絲雀的大腦皮質區域有一個控制歌唱的學習與記憶的地方，稱為高音區（high vocal center）。就金絲雀的一生而言，正處於性成熟的青少年時期，為學習歌曲的時期，此時的神經新生特別顯著。如果在成年時期，在一年的期間內，雄性金絲雀高音區的神經新生在繁殖期特別顯著。新的神經元的產生，一般相信與建立或強化新的腦內神經迴路有關，可幫助金絲雀於繁殖期快速學習流行歌曲。到了繁殖期後期，高音區的部分神經細胞會死亡而影響腦內的神經迴路，進而使得金絲雀的歌唱穩定性受影響，也不再學習新的歌曲，再經過一段時間後，神經細胞的數目會再慢慢增加，金絲雀所唱的歌曲才漸漸的回復到繁殖期前慣常歌唱的音律與節奏。

雖然許多研究證實成體大腦神經新生與鳥類歌唱學習的正相關性，但對於哺乳類的神經幹細胞的功用仍不清楚。部分動物實驗證明，於海馬迴新生的神經細胞對於成鼠的學習與記憶，尤其是對空間方位的認知與記憶十分重要。但是內生性的神經幹細胞對於神經受損的功能修復是否重要，則尚未有定論。

由於內生性的神經幹細胞數目不多，許多科學家便利用體外的增殖技術，將神經幹細胞增殖後，再移植到動物中，希望可以修補受損的神經組織，來治療目前無法以藥物有效治療的神經性疾病。2011年以神經幹細胞這個名詞檢索美國健康科學院收集世界各地的臨床試驗資料庫（http://clinicaltrials.org）發現，針

對中風、肌萎縮性脊髓側索硬化症（ALS；又稱漸凍人疾病）及脊髓損傷等等疾病，都有許多臨床試驗正在進行。

值得一提的是，除了神經損傷的部分外，目前許多人體臨床試驗也利用經基因改造後的神經幹細胞來治療腦瘤或轉移到中樞系統的癌症。研究人員會開始想到利用神經幹細胞來治療腦癌，是因為發現腦部的癌症細胞可吸引遠處的外源性神經幹細胞移行到癌細胞的所在位置。即使此神經幹細胞位於腦癌組織的對側，也發現神經幹細胞可移行過腦中隔（septum），並聚集於癌細胞附近。

(6)間葉幹細胞

目前間葉幹細胞除了治療骨科疾病外，對於移植排斥、作為基因治療的載體、血液系統的重建，甚至糖尿病、肝臟疾病與神經性疾病等，都有人體臨床試驗正在進行。對於神經性疾病而言，將來也可能會利用間葉幹細胞應用於急性中風與週邊神經損傷等臨床治療。以下就以週邊神經損傷為例作一詳細介紹。

①神經損傷治療的步驟

神經受損的介入性治療必須根據受傷的性質、受傷的範圍及造成損傷的時間，也就是根據疾病本身生理病理過程去執行治療。以週邊神經損傷為例，通常於神經受損後會產生一系列的不利神經生長的因子，如產生自由基、發炎反應，以及神經細胞和許旺細胞死亡後所釋放不利於細胞生長的物質。因此於神經受損的早期介入性治療，應以減少發炎反應所產生的效應為主。如抑制腫瘤壞死因子、白烯介素（interleukins）及纖維蛋白原（fibrinogens）等的產生。而在發炎過後的晚期介入性治療，應

以加速神經的再生及恢復功能為主。因此，在這一階段的細胞治療須達成幾個目標：第一、必須恢復神經軸突的運送及傳遞訊號的功能。第二、必須提供細胞生長的支架，能夠引導軸突的再生及髓鞘化並恢復神經的功能。

目前幫助軸突的生長的方式包括有，去除因大量神經膠細胞生長所造成的結締組織，移植周邊神經束以及給予神經趨化因子等，或是合併這些方式的治療，來幫助受損神經的功能恢復。此外，也可以利用神經幹細胞移植以建立新的神經轉運站，以幫助病患建立新的神經網路。

細胞移植目前遭遇的一大困難是細胞的存活率低。如果無法於患者體內長期維持所需的細胞，施打細胞的次數就必須要提高，這時如果是異體來源的幹細胞，受試者體內就可能誘導較強烈的免疫排斥反應並清除植入的幹細胞。除了免疫排斥反應外，還有細胞活性、細胞的移動、細胞的營養供給與細胞的宿主組織的作用等，都對細胞存活率有一定的影響。另外，移植細胞的時間與位置也對細胞的存活有決定性的影響。例如中風初期的炎症反應相當強烈，當醫生希望以細胞移植來減低缺血性中風引起的神經傷害，而移植細胞於此時的組織時，便有如將細胞放入殺戮戰場般，絕大部分的移植細胞都會被消滅，而無法發揮幹細胞應有的作用；而太晚移植時，組織的炎症反應低或已經有組織纖維化，相對的細胞趨化因子的分泌量也會降低，移植幹細胞後，可能不會受到受傷組織的吸引或因結締組織的阻擋，而無法移行到受傷組織進行修復。因此選擇合適的指標性分子來評估最佳移植時間，將對細胞治療效果的成功與否影響很大。

②細胞治療

週邊神經系統中的主要細胞組成包含有神經元及許旺細胞。許旺細胞主要功能為包覆神經軸突，猶如形成絕緣體一般，此細胞並可形成蘭氏節，可以幫助神經傳導以跳躍方式快速傳遞到目標細胞。神經受損時，許旺細胞可增進神經生長，最主要是增加細胞黏附因子的產生、調控軸突生長的相關蛋白質及神經生長因子、及其接受體。

利用間質細胞移植來促進神經的再生的機制可能是透過提供神經滋養因子來幫助軸突的生長。也可能間葉細胞分化成許旺細胞，及提供細胞外基質、細胞趨化因子，以利微環境的穩定。此外，間葉幹細胞也可能藉著免疫功能的調節，抑制局部的炎症反應。

此外，在羊水間葉幹細胞的研究也發現，此細胞較骨髓間葉幹細胞原始，分裂能力更好，可於體外複製出更大量的細胞。在目前的研究中發現羊水間葉幹細胞可以分泌許多神經滋養因子，可促進神經的修復，包括神經膠細胞衍生神經滋養因子（glia-derived neurotrophic factor）、睫狀神經滋養因子（ciliary neurotrophic factor）、腦源性神經滋養因子（brain-derived neurotrophic factor）等。並且羊水間葉幹細胞經移植後，部分細胞可分化成許旺細胞而成為神經組織的一部份。

③合併抗發炎藥物及幹細胞治療

在幹細胞的研究中，細胞的長期存活和神經功能的修復有很強的相關性。在相關的動物試驗中也發現，合併投與抗發炎物質會增加幹細胞的存活。同時使用抗發炎物質，如纖維蛋白原溶解

因子（anti-fibrinolytic agents）、鎂鹽及他汀類（statins）的藥物，可透過調控巨噬細胞（macrophage）的移動及及細胞趨化因子（chemokines）的分泌，來抑制發炎反應所造成細胞的死亡，其中也包括移植入體內的幹細胞，藉以使幹細胞有較高的存活率，使其更能發揮其修復的能力。

二、移植後的幹細胞與腦內徵環境的關係

介紹完目前可能治療神經性疾病的幹細胞種類後，接下來我們介紹移植後的細胞，如何與宿主細胞與環境互相作用。由於不同細胞於體內存在的環境各有差異，因此當以幹細胞移植後，可能因移植的位置或所在微環境的不合適，而造成細胞的低存活率。關於如何營造一個適合幹細胞於中樞神經組織生長的環境，目前少有研究。研究人員相信，組織的微環境會影響移植後神經幹細胞的移動、存活與細胞的分化，而神經幹細胞也可以影響宿主組織的環境。

為測試此一想法，愛荷華州立大學的美麗達·沙赫納（Melitta Schachner）博士將神經細胞的表面黏著蛋白質（adhesion molecules）L1表現於要移植的神經幹細胞或者是受移植小鼠的神經膠細胞與神經幹細胞上，以測試分別表現，或是移植細胞與受贈者組織兩者均表現L1分子的條件下，對中腦組織的多巴胺神經細胞的修復能力的影響。會選擇L1是因為已知L1分子於腦室旁區域及海馬迴中的均有大量表現。研究發現，當移植細胞與受贈者組織兩者均有表現L1分子時，移植的神經幹細胞其移動與存活率最佳，修復多巴胺神經元受損的情形也最好。當

神經幹細胞有表現L1分子時，細胞分化成多巴胺神經元的效率也較沒有表現L1分子來的高。這個實驗證明改變移植細胞與宿主環境的連結，可以影響移植細胞的移動與分化。

　　事實上，宿主環境不只可以影響移植細胞的移動與分化，也會影響移植細胞的存活情形。研究發現，接受胚胎中腦組織移植的巴金森氏症患者，也會因為患者腦內的疾病環境，而使得由胚胎移植而來的多巴胺神經元在短短十年間就會發生退化，且出現典型巴金森氏症的細胞病理特徵：路易氏體（Lewy-body inclusion）。而最近在曾接受胚胎紋狀體組織移植的亨丁頓舞蹈症患者的腦中也發現，移植的組織可以存活超過十年，雖然移植組織中存在有投射神經元（projection neurons）與中間神經元（interneurons），但是投射神經元的細胞數明顯低於正常組織。

　　在神經網路的構成中，中間神經元一般軸突較短，多負責局部的神經迴路；而投射神經元的軸突較長，主要接收多個中間神經元傳送而來的訊號，並將訊號重新整合，藉由軸突將此整合後的神經訊號，傳送到遠處不同的腦部區域。以軍隊作比喻的話，中間神經元就有如部隊中基層單位的傳令兵，傳令兵主要將各個單位的重要訊息傳送到上級去，但不發號施令。而投射神經元就有如部隊的司令，當接收各個基層單位傳來的資訊時，會區分輕重緩急，忽略不重要的訊息，最後再將整合後的資訊做成決定，並傳令下去，動員部隊的人員。因此當中樞神經系統的投射神經元受損時，就有如空有部隊而失去司令官，使得最後應執行的命令無法進行。

　　那研究人員怎麼知道哪些部分是宿主的組織，哪些是移植組織呢？目前利用原位雜交法（in situ hybridization）偵測huntingtin基因是否有異常擴增的CAG重複序列。腦內切片的檢查發現，患者的腦部huntingtin基因有異常擴增的CAG重複序列，但經移植後仍存活的組織huntingtin基因CAG重複序列則屬正常。但是檢查移植後仍存活的移植組織中，投射神經元比例明顯較正常紋狀體少，且出現有類似亨丁頓舞蹈症患者的神經退化現象。

　　由以上巴金森氏症與杭丁頓舞蹈症的人體試驗結果可知，利用細胞移植試圖改善神經退化性疾病的過程中，除了移植細胞本身的存活攸關治療的成功外，也必須考慮如何改善病人腦中病變的微環境，使移植後存活細胞不會受到其他退化細胞的波及，才能達成長期病症的改善效果。

　　上述的長期人體試驗結果使科學家重新思考，是否合併移植神經幹細胞可幫助病患，重建正常的微環境，幫助移植細胞的存活。

　　使細胞在移植後仍可於特定腦內區域分化，並重建本身適合的微環境，並在此環境下不斷生長，仍不清楚。目前有許多幹細胞生物學家持續探討幹細胞的分化與維持，希望可以找到有關控制神經幹細胞於腦內的增生與分化的關鍵因子，藉著這些基礎知識來使移植後的細胞可以繼續增生並自我複製，而提供長久且足夠的細胞以修復神經受損，維持正常生理功能。

三、移植細胞與宿主間的正確連接

在神經細胞移植實驗的環節中，最困難的是要使足夠的移植細胞與正確的宿主細胞建立正確的連結。當移植細胞的連接錯誤，可能會產生重大的副作用。例如多巴胺神經元本身的生理特性是會有自主且規律的神經衝動，當移植到錯誤的位置或產生錯誤的連結時，可能會有不可預料的感覺或運動功能障礙。於心肌受損時也類似。例如使用胚幹細胞分化而來的心肌細胞做心臟的修復，移植的心肌細胞無法受到宿主心臟組織的控制而一起跳動時，就會產生心肌震顫，心律不整等問題。所以以移植的細胞需要與宿主間正確的連結才能發揮功能，避免移植後上述等問題的發生。

在中風及脊髓損傷的病人中，若神經纖維沒有被完全破壞，則神經細胞間的連結仍有機會可以重新建立。因此許多病人經過數個月或數年的復健過程後，可以恢復部分的感覺與運動功能。這個復健過程中，死去的神經元絕大部分並沒有重新生成，而是存活的上游與下游的神經元藉著神經元的可塑性（neuronal plasticity），重新生長樹突與軸突，建立新的神經迴路，來幫助身體恢復原本的功能。以脊髓損傷為例，要重新建立新的神經網路，目前可藉由促進神經元的可塑性，如促進神經軸突的再生，或是藉由移植細胞來建立新的神經連結。

目前脊髓內的神經軸突的再生有許多限制，例如成年的脊椎運動神經元的可塑性較弱以及受傷區域會產生纖維化的現象，阻擋新的神經軸突通過，以及受傷區域會產生神經生長抑制分子，減緩神經軸突的再生等。雖然如此，大腦皮質的皮質脊髓運動神經元（corticospinal neurons）則有很強的可塑性。

解剖位置上，皮質脊髓運動神經元位於大腦的運動區，其軸突由大腦的運動區沿著橋腦與延腦的腹側，下行於脊髓腹側區域，再與脊髓對側的運動神經元產生連結，藉以控制隨意肌及大部分四肢的運動功能，此路徑多於腹側脊髓區域往下傳遞，又稱為錐體路徑。當脊髓下行的神經束受損時，大腦的運動神經元的可塑性會增強，使得原本應於脊髓腹側的皮質脊髓神經束會與脊髓背側的本體感覺神經元產生新的連接。原本與運動功能功能無關的本體感覺神經元，此時會變成一個新的神經轉運站，負責傳遞大腦來的運動指令給未受傷的肢體下部的運動神經元，建立一個新的神經路徑，而使得患者可以重新支配四肢的肌肉。

檢測移植神經元是否已經與宿主細胞彼此連結，大多以檢測突觸的生成與單一神經元的電生理特性為主，並無法瞭解移植細胞與宿主間真的有建立具有功能性的突觸。而最近這幾年發展的光遺傳技術，正好可以幫助科學家評估移植細胞與宿主細胞間，神經訊號的傳遞。

光遺傳技術是利用藻類細胞中特殊的離子通道蛋白質，如channelrhodopsin-2（ChR2）及halorhodopsin（NpHR），可受特定光波長的刺激，而打開離子通道。將此類基因送入神經元後，便可以利用光刺激於單一細胞，使其產生（ChR2）或抑制（NpHR）神經衝動。ChR2為一陽離子通道，可於藍光（470 nm）的刺激使通道打開，使鈉、鉀、鈣等離子通過。而NpHR為一氯離子通道，可於黃光（580 nm）下活化。此兩種蛋白質均可於毫秒內被激活，而影響細胞膜電位。目前的研究顯示，利用光遺傳技術可以準確藉由光線的操控來控制單一神經細胞的活

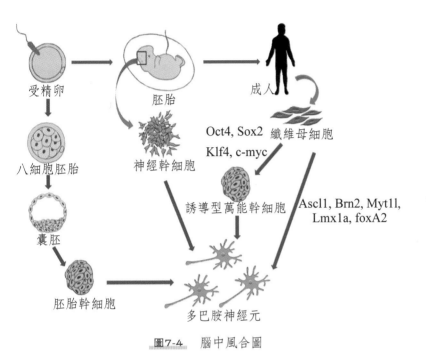

受精卵

胚胎

成人

Oct4, Sox2　纖維母細胞
Klf4, c-myc

八細胞胚胎

神經幹細胞

誘導型萬能幹細胞　Ascl1, Brn2, Myt1l,
　　　　　　　　　Lmx1a, foxA2

囊胚

胚胎幹細胞

多巴胺神經元

圖7-4　腦中風合圖

化或抑制其神經電位，也可以利用此技術來控制動物的行為。尤其是藉由此技術可以準確評估單一細胞的活化或抑制對於整個神經迴路與其負責功能的影響。

　　對巴金森氏症的細胞移植實驗而言，已有科學家利用光遺傳技術產生的雙向神經衝動，來證實移植細胞可以在細胞層次上，經由彼此間的突觸來交流神經訊息。此外，光遺傳技術也可使科學家發展更精良的方法控制神經的連結，並更清楚的瞭解移植後的功能恢復，與新的神經連結間的關係。

結語

　　雖然現代的生物學在許多領域突飛猛進，但對於中樞神經的運作仍不甚瞭解，同時也對於神經疾病的治療，尤其在神經退化性疾病上，至今大多仍一籌莫展。因為神經細胞不會再生，所以一旦特定的細胞大量受損時，就常會造成永久性的功能喪失。近幾年來，幹細胞學的研究提供了治療神經性疾病一個新的方向。目前的相關研究仍多處於實驗動物或少數受試的病人階段。雖然有些令人振奮的結果，但是這些實驗的結果仍需要仔細審視，以避免無可挽回的副作用，甚至發生攸關生命的危險。由以上的人體臨床試驗的介紹，以及敘述不同種類的幹細胞與重新編程細胞於神經疾病上的應用，希望可以使目前社會大眾對於幹細胞與神經性疾病的修復有初步的認識，以及瞭解最近這幾年神經科學領域中幹細胞研究的進展。

Chapter 8

幹細胞儲存與幹細胞庫

黃效民

幹細胞為一種未完全分化的細胞，具有自我更新，可以持續分裂，不斷增加細胞數目的能力，並且在適當條件下可以被誘導分化成為一種以上具有生理功能的成熟細胞；因此，幹細胞的發見和應用，提供給醫學界無限的想像空間和治療疾病的新方案。為了未來幹細胞可真正應用於醫療上，冷凍保存幹細胞就成為不可或缺的一門技術。冷凍保存是把幹細胞儲存於超低溫的生理靜止狀態，等待適合對象移植使用時，再將所需要的幹細胞解凍，讓幹細胞甦醒後進行臨床治療。有些自體移植的情形，則是一定得先進行特定細胞的冷凍保存，例如在某些癌症病人在化學治療和放射線治療前，可以先將自己的骨髓造血幹細胞或生殖細胞取出保存，待癌細胞殺死後，再解凍細胞植回體內，以免造血功能或生殖細胞在治療時一同被殺死或有突變的問題。因此幹細胞儲存和幹細胞庫的管理和實踐，就成為再生醫學重要的課題。將幹細胞進行冷凍保存的優點為：

1. 不需要長期維持細胞的生長。
2. 節省人力、時間、培養基和試劑之消耗。
3. 防止細胞持續生長所造成的細胞變異累積、細胞老化、微生物污染等的機會。
4. 方便細胞寄送和運輸。
5. 可以提供相同批次和品質一致的細胞。
6. 冷凍期間可以進行細胞的分析，避免等待檢測的空窗期。
7. 長期儲存，提供未來使用且可隨時提領等等。

細胞儲存和冷凍保存技術，發展已超過四十多年，目前雖已是發展成熟而且廣泛使用的技術，但仍有非常大的進步空間，以下我們將進一步討論。

一、細胞冷凍學

冷凍保存最基本的關鍵，就是如何降低冷凍過程時對活細胞所產生的直接和間接傷害，當細胞解凍時，仍保有原有的活性和特徵。細胞在冷凍過程中發生的現象為：當外界溫度緩慢持續降低，低到溶液凝固點時，細胞外水分子會先結冰，形成冰晶，且冰晶會持續擴大，而細胞內的水分子因滲透壓的關係會往外滲出，造成細胞皺縮體積變小（就像脫水作用），細胞內物質濃度愈來愈高，因此滲透壓也會愈來愈大，此現象稱為溶質效應，而這個過程若太過劇烈，會造成細胞傷害，進而使細胞死亡；同時細胞外的冰晶因為溫度持續緩慢降低將會使冰晶形成巨大結構，也會導致細胞受到擠壓傷害。反之，若溫度降的太快，細胞內的水分，大部分來不及離開而被留滯於細胞內，結果造成水分子在細胞內形成冰晶，由於水凝結成冰體積會膨大，溫度持續下降時使細胞內的冰晶體積不斷增長擴大，細胞將會漲破或使細胞膜嚴重破損，最終造成細胞的死亡。因此冷凍細胞時溫度降低的速率，必須嚴格控制。

為了減少冷凍過程的冰晶形成和溶質效應對細胞的傷害，適當添加所謂冷凍保護劑變得極為重要。所謂冷凍保護劑，顧名思義就是保護細胞，降低在冷凍過程和處在極低溫的狀態下所受到的損傷的溶液。其作用的功能大致為增加細胞膜通透性（讓水分可以快速離開細胞）、降低大冰晶形成（可防止細胞內外冰晶的物理傷害）和降低溶質效應的傷害等等。一般常用的冷凍保護劑有醣類（如海藻糖trahalose，寡醣類）、甘油（glycerol，分子

式為$C_3H_8O_3$）、二甲基乙碸（dimethyl sulfoxide, DMSO，分子式為$(CH_3)_2SO$）等，也可將兩種或兩種以上冷凍保護劑合併使用，以增加效果。雖然不同的冷凍保護劑主要作用機制不同也各具優缺點，但是臨床上大都使用醫療級的二甲基乙碸作為冷凍各種人體細胞和幹細胞的最佳選擇，主要原因為使用方便，而且效果普遍最佳。二甲基乙碸，與水完全互溶，化學分子具有雙極性，非常容易穿透細胞膜，具有弱酸性和低毒性的優點，醫療上早期使用作抗發炎和抗氧化劑，而且由於可以溶解很多不溶於水的藥物，常作為脂溶性藥物的溶劑，因此已有長期臨床上使用的記錄。一般狀況下而言，當作為細胞冷凍保護劑時，二甲基乙碸的使用量均在5〜10%，超過10%仍會對細胞具有一定的毒性，另必須注意的是由於二甲基乙碸本身容易氧化而釋放出自由基，造成產品變質，所以儲存時需要避光，且在使用時才新鮮配製出正確濃度的冷凍培養基；另外稀釋二甲基乙碸時，會釋放大量熱能，所以必須將事先配製好冷凍的培養基暫存於冰上降溫，以免熱效應造成細胞的傷害。

欲進行細胞冷凍保存時，可將目標細胞加入含有二甲基乙碸的冷凍培養基後，依適當體積分裝於可耐低溫的冷凍小管或冷凍袋後，經適當降溫方式，將細胞降至−80℃以下後，即可直接轉到液態氮槽內進行長期的儲存。

二、降溫方式

細胞的冷凍保存，除了必須注意冷凍培養基的配方和製作程序外，同時必需非常注意降溫的操作，如前一節所述太快或太慢

均會造成細胞存活率大大降低。臨床上，大都使用可程式降溫儀（programmable freezer），利用程式引導液態氮注入的體積與時間點，精確地控制細胞以每分鐘降低1～3℃的速度冷凍，渡過冷凍細胞液凝結溫度區間（使用含5～10%二甲基乙 的冷凍培養基時，一般約在-5～-7℃），此區域由於液體轉換為固體的潛熱大量釋放，冷凍細胞管（袋）內之溫度不但不會下降反而會上升，此時會讓剛形成的冰晶反覆融化凝結，造成細胞有被冷凍又解凍之現象，或使形成的冰晶體積成長，對細胞存活率是一大傷害。所以好的冷凍程序，會特別將潛熱釋放時的控制視為最大的關鍵，因此在凝結溫度區間必須利用急速降溫方式，將突然釋放的大量潛熱儘快移除，讓已冷凍的細胞沒有被解凍的危機，此後冷凍的溫度即可以穩定的速率持續降溫，直到可放置於液態氮槽的溫度（約-80℃）。一般而言，當冷凍細胞發生細胞解凍後無法存活甚至已死亡情形，主要的傷害都是冷凍過程不當所造成。因降溫的過程中細胞受到嚴重傷害，解凍後細胞無法恢復活性，直接造成大量細胞壞死（necrosis，物理性），少部份細胞解凍後雖沒有死亡，但是也因為重傷而產生自我修護困難而逐漸凋亡（apoptosis，生物性）。因此若能特別注意冷凍過程，儘快移除冷凍培養基本身在凝結溫度時釋放的大量潛熱，細胞的凍後存活率將大大提升。一旦渡過凝結溫度區後，即可以穩定的速率持續將冷凍管或冷凍袋內的細胞降到-80℃左右，再將凍結的細胞轉到液態氮槽內進行長期的儲存。冷凍細胞在液態氮桶內，只要保存良好，溫度維持-196℃的液態氮或在液態氮的氣相層-165℃以下，細胞均是處於代謝冬眠的狀態，已有充分資料顯示保存超過30年的細胞，解凍後存活率仍沒有顯著的降低。

圖8-1　耐超低溫塑膠冷凍管

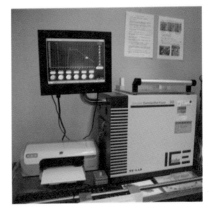

圖8-2　可程式降溫儀

三、造血幹細胞的保存

　　骨髓移植、周邊血移植和臍帶血移植，目前臨床上都稱為造血幹細胞移植，而此項醫療作業也是最成功和最早的幹細胞臨床醫療實例。在處理和保存造血幹細胞時，目前所有血庫都可遵循許多的國際標準和國家標準，包括細胞治療認証基金會（Foundation for the Accreditation of Cell Therapy, FACT）、美國血庫協會（American Association of Blood Bank, AABB）公佈的操作程序和保存規範等等。造血幹細胞的冷凍保存與一般幹細胞的保存最大差異為：

　　1.造血幹細胞的來源，目前均為直接分離自原有的骨髓、周邊血或臍帶血進行保存直到移植，並沒有經過實驗室增殖作用，就國際規範而言屬於最少操作（minimum manipulation），意即無額外操作以減少人為產生的醫療風險，目前已成為常規細胞治療的程序之一。

2. 考量造血幹細胞的醫療移植時，需要的細胞數量極為龐大，一般而言需要將一個完整單位（指由一個捐贈者單次捐贈而來）的細胞全部用完，所以在保存造血幹細胞的操作上，各國公開提供的血庫，以使用各種抗凍血袋為主，可大至容量250ml周邊血幹細胞專用抗凍袋到一般臍帶血幹細胞儲存常用的25ml抗凍袋。

造血幹細胞操作和儲存上，由於商業產品發展較為成熟，目前市面上已有完整的系列商品，可以作到幾乎完全密閉的系統（closed system）作業和自動化儀器，且均為醫療等級一次使用的拋棄式產品，可大大降低交叉或環境污染的機率。在完成分離或簡易處理的造血幹細胞，於低溫下緩慢加入臨床級二甲基乙碸作為冷凍保護劑於抗凍袋後加以密封。且為了降低抗凍袋破裂而污染整個液態氮儲存槽的風險，大都建議在血袋外再包覆一層耐超低溫的塑膠密閉保護袋，再使用特製的金屬保存片夾包住後，進行程式降溫，完成後即可存放於液態氮的儲存槽內，由於使用完全密封式的抗凍血袋保存，無論是直接浸在液態氮的液相層（－196℃）或氣相層（－165℃）中，均可達到長期保存的目的。

圖8-3　臍帶血保存血袋和鋁片夾

圖8-4　−80℃低溫保存櫃庫房

四、間葉幹細胞的保存

　　除了造血幹細胞因為使用特性的原因而利用抗凍袋進行長期的冷凍保存或胚胎幹細胞（包括生殖細胞）利用微量麥管外，一般的幹細胞或其他細胞，大多使用塑膠的抗凍管來保存，操作

上較為方便。目前市面上，有許多不同體積的塑膠抗凍管，如5ml、4ml、2ml、1ml等等，可以依據使用目的和儲存方式而選擇，必須提醒的是絕對不可以將冷凍管裝太滿，必須保留足夠空間，因為冷凍後體積會膨脹，若液面太接近管口，解凍時污染的機會就會增加。利用塑膠抗凍管進行長期冷凍保存時，同樣的必須使用液態氮槽，以維持超低溫的環境，讓幹細胞達到代謝停止的休眠狀態，然由於此種塑膠抗凍小管本身，並沒有密封設計，所以不可將此種塑膠抗凍小管浸置於−196℃的液態氮內，而必須維持在液態氮槽的氣相層（−165℃以下）部份，否則液態氮很容易進入抗凍小管內，如此將造成許多想像的到的後果，例如取用時，由於塑膠抗凍小管內充滿液態氮，一旦拿到室溫下將造成液態氮立刻氣化，在管內產生極大壓力而發生氣爆的危險，另外由於進入到塑膠抗凍小管的液態氮並非無菌的，如此將會污染保存在管內的幹細胞，帶來嚴重的微生物污染情形。目前沒有任何一家產品的塑膠抗凍小管宣稱他們的產品可以使用於液態氮內，都是建議使用者必須正確的使用於液態氮的氣相層。

圖8-5　　11噸液態氮儲槽，作為中央系統的液態氮供應中心

圖8-6　　液態氮運送大卡車

　　利用塑膠抗凍管進行幹細胞保存，主要以成體幹細胞為主，包括各種不同組織來源的間葉幹細胞（mesenchymal stem cells），例如骨髓、臍帶、胎盤組織、羊水、脂肪組織等。間葉幹細胞大都需要經過分離、培養、繼代、再培養等多次操作，如第三章所述間葉幹細胞具有大量增生的特性，因此在分離後培

圖8-7　玻璃化法快速冷凍使用的微量麥管

養於適當環境下，可以等比級數的分裂方式大量增加，經過數次培養繼代，幹細胞的數目就可以達到醫療上的需求。此時，間葉幹細胞的生產和保存，就特別注重所謂細胞庫系統（Cell Banking System）的建立。

五、幹細胞庫系統

　　幹細胞庫系統的目的主要是維持幹細胞冷凍保存的完整性，同時解凍後幹細胞可以恢復到冷凍前的狀態，具有持續分裂增生的能力和幹細胞的特性。然而，細胞分裂增生不斷的增加，實際上我們無法針對每一個細胞進行監測，實驗室裡，操作人員會將每一次繼代的動作紀錄在細胞的代數上，此處細胞的繼代數

目（passage number）表示細胞經過分盤擴增的次數，與細胞真正分裂的次數（doubling number）不同。舉列來說，我們將1個細胞接種到培養皿，經過一段時間1個細胞就開始進行分裂，分裂完成後細胞數變為2個；再經過一段時間2個細胞同時進行分裂，分裂完成後細胞數增加成為4個；再經過一段時間4個細胞再進行分裂，分裂完成後細胞數就增加成為8個，如此以2的次方方式等比級數增加。若我們提供細胞生長的面積僅夠8個細胞生長，為了增加細胞擴增的數量所以當細胞數達到8時，細胞就必需加以回收，將8個細胞重新再接種到8個新的培養皿上，這個回收再接種的動作就稱之為繼代。此時，習慣上我們將會在新的培養皿上註記細胞的繼代數目增加1次，而細胞數量增加了8倍；然而若追溯他們的分裂次數則會較前一代的分裂次數增加3次（2^3，表示細胞經過3次分裂）。

　　所有的幹細胞庫均會對幹細胞的繼代數嚴加控制，最好且有效的管理方式，就是必須要有主庫（Master Cell Bank, MCB）和工作庫（Working Cell Bank, WCB）的工作流程。所謂主庫就是不論何種細胞，優先生產一批細胞立刻加以冷凍保存，此時實際繼代數目假設為N，再由主庫中提領一管冷凍細胞加以培養、擴增和繼代，直到達到一定數量的細胞數後，再全部收集、分裝，冷凍保存起來，製作所謂的工作庫，假設經過3次繼代才達到工作庫需求的數量，則此工作庫的冷凍細胞繼代數目將為N+3。有了主庫和工作庫後，原則上該批細胞就不再進行N+3以上繼代數的冷凍作業了，只有領出而不再存入以維持該批細胞繼代數的恆定。當工作庫的細胞冷凍管使用完畢，則再由主庫中提

領一管冷凍細胞,進行另一批次的工作庫生產計畫,所生產的工作庫細胞繼代數將一直維持為P=N+3,而不會改變。因為每批工作庫均由一支主庫的冷凍小管擴增而來,就細胞生產而言,假設一個主庫擁有100支冷凍小管,而一個工作庫可合理製作200支冷凍小管,如此P=N+3的管數,將為200 x 100 =20,000,也就是說會有高達二萬支的冷凍小管會是同一繼代數目的細胞。應用於細胞治療的需求上,若一支工作庫的冷凍小管可以進行一次治療(包括經培養,以達到所需要的細胞數或產物),則只要管理好主庫(本例100支冷凍管)和工作庫(本例每次200支冷凍管),實際的效用為可提供20,000次治療所需的細胞,而且細胞的代數和品質等要件,均可被期待為相同或幾乎相同的!

當然,要達到實際的細胞庫系統,除了製作主庫和工作庫的冷凍細胞外,最重要的是冷凍細胞的品質和管理必須達到需求。細胞品管的要求主要有三項:

1. 細胞潔淨度(purity):沒有微生物的污染,包括一般細菌、酵母菌、黴菌,以及黴漿菌(mycoplasma)和特定病毒等。

2. 細胞專屬和一致性(identity):保存的細胞必須與其原始資料相符,不可有其他細胞的污染。

3. 細胞穩定性:在培養過程中細胞的生長特性和功能必須保持穩定。

所以在主庫和工作庫製作完成後,必須對所保存的細胞進行一系列的測試和存活率分析,當結果均達到要求與正確性後,才能確定所保存的冷凍細胞可發揮該有的功能。

　　細胞潔淨度的要求測試，與一般藥品的微生物污染檢測相同，必須針對細菌培養、酵母菌和黴菌培養、黴漿菌培養、特定病毒分析等。可依據國家標準檢測方法進行檢測，結果必須均為陰性。細胞專屬和一致性，主要的目的為確認所使用和培養的細胞就是所宣稱的細胞，沒有受到外來的細胞混入，目前常利用DNA指紋分析技術來確認細胞來源是否具有一致性。DNA指紋分析技術已經廣泛地應用於親子鑑定、刑事案件、法醫鑑識等，幾乎已成為確認細胞來源最重要的依據。細胞穩定性分析則是在幹細胞和細胞治療上，扮演非常重要的角色。細胞穩定性主要利用染色體核型分析（chromosome analysis）來確認細胞的染色體是否異常，以及細胞所具有的特定標記是否改變。染色體核型分析技術，原本就常用於產前診斷——羊水細胞的分析，正常人的染色體為46條（23對），每一條染色體在標準分析操作下都具有特定的樣式（pattern），於顯微鏡下具有經驗的操作者可以非常有效率的指出細胞是否異常，例如第21對染色體具有三套，就表示細胞為唐氏症患者，或某一條染色體多出一部份（translocation）或少了一部分（deletion）等，均為異常的型態。異常的細胞在使用於細胞治療時，必須多考量安全性和潛伏的病變，並非絕對不可使用。

　　幹細胞庫的管理，最重要的是需要確保電源和液態氮的供應，液態氮槽的庫房用電量事實上並不高，僅需要配備不斷電系統確保萬一停電時仍可正常運作即可，但是液態氮的供應則必須要有充分的規劃。由於液態氮槽有大有小，小的只能容納數百個塑膠冷凍管，且沒有液態氮液面監視警告系統，必須由人工定時

和經常查看目前液態氮筒內液態氮的高度，若低於一定高度時，就必須人工儘快補充，以免溫度上升，此點在使用氣相層保存的實驗室特別重要。至於中大型的液態氮槽，則都有自動液面感應裝置，一旦液態氮因為揮發減少到臨界高度時，就會由液態氮鋼瓶自動充填到指定高度，隨時保持安全的低溫狀態。

圖8-8　生物安全操作櫃，確保操作人員安全，同時又可達到無菌操作之要求

圖8-9　液態氮庫房的中央控制室，包含有環境溫濕度監測、影像錄影、液氮槽即時溫度紀錄、儲位管理系統等

圖8-10　大型液態氮槽

圖8-11　液態氮鋼瓶，可單獨連接液態氮槽或可程式降溫儀

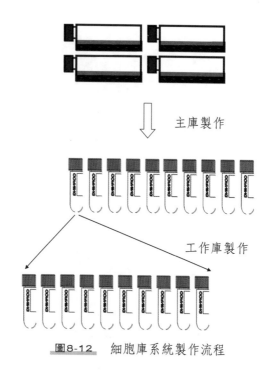

主庫製作

工作庫製作

圖8-12 細胞庫系統製作流程

六、冷凍幹細胞的解凍與復甦

解凍細胞時在操作上只有一項原則，即快速讓細胞回復到生長之最適溫度。臨床上針對取得的冷凍血液細胞或造血幹細胞，可將解凍後的細胞直接注射到病人體內，或將解凍後的細胞進行清洗動作，以去除冷凍培養基內所含的高濃度冷凍保護劑。在大部分的情形下，當細胞解凍後，必須加以培養，一則可以將不存活的細胞去除，二則細胞培養後，細胞數目可以持續再增加。

對於以塑膠抗凍小管保存之幹細胞，操作上則必須額外注意解凍過程，由液態氮或乾冰（因為運送之需要，由液態氮移轉至乾冰桶內）直接取出的冷凍小管，其溫度相對極低，將冷凍小管直接放到37℃水浴槽解凍時，必須輕微搖動直到完全解凍，其主要之目的為加速細胞之解凍過程，然更重要的是確保已解凍之細胞不要再結凍回去。事實上解凍過程是一個動態的進程，所謂解凍乃是溶解速度大於凝結速度，最終至完全溶解，我們可以想象一下，當抗凍小管內的細胞液解凍時，因為熱傳導關係，高溫由外管壁向內傳熱，所以凍結於管壁邊緣的細胞會先行解凍，此時冷凍管內中心溫度仍在凝結溫度以下，其低溫仍足夠將剛剛解凍之部分，立刻結凍回來，如此若已解凍之細胞又再次結凍，將造成反覆解凍、結凍之微觀變化，對於細胞之傷害極大，所以解凍時速度要快，讓此種傷害降到最低，對細胞解凍後之生長影響降到最小。在水浴溶解過程中，不可讓水面淹過抗凍小管的蓋子下緣，甚至觸碰到蓋子，因為容易造成微生物污染。待抗凍小管完全解凍後，以70%酒精擦拭管壁，儘速移到無菌操作台內，依據無菌操作程序將已解凍的幹細胞取出，放入含有幹細胞培養基的培養瓶內，即可讓幹細胞重新貼附生長。

七、胚胎幹細胞和生殖細胞的保存

相較於造血幹細胞的大容量保存方式，在保存胚幹細胞或數量很少的細胞時，例如胚胎、卵子等，與上述使用的程式緩慢降溫方式有非常大的不同，事實上研究人員操作的冷凍體積非常

小，介於10～100微升間（1微升等於0.001ml），此時操作人員大都使用無菌的微量麥管或毛細管，來吸取和保存細胞，由於使用的是細長的微量麥管，進行冷凍保存時可直接將微量麥管由常溫浸入液態氮的－196℃中。由於體積很小，溶液和細胞『瞬間』完全結凍，此時水分子沒有形成冰晶或使冰晶成長的機會，而變成非晶形的超低溫狀態玻璃化結構，細胞不會漲破死亡或受冰晶物理擠壓的傷害，細胞解凍後存活率反而很高。

值得注意的是，在進行玻璃化前，胚胎幹細胞或生殖細胞需要經過數次的不同滲透壓的溶液處理，目的為先降低細胞內水分的含量，再利用非常少量的冷凍培養基回溶細胞後，吸入專用的微量麥管內（玻璃或塑膠材質均可），即可直接放入液態氮內。然而微量麥管體積太小，幾乎無法貼附任何標籤，如何確定將來取用時是正確的細胞，不會拿錯，管理上只能依據承裝微量麥管的小筒或盒子的位置、顏色等來標示，操作時必須非常謹慎，如何做好防呆，例如利用特殊條碼等，仍有極大發展空間。至於解凍步驟，由於細胞液體積很小，一旦塑膠麥管離開液態氮後，在室溫下很快就溶解，所以必須在無菌操作台或生物安全操作櫃內取出塑膠麥管，並將胚幹細胞或生殖細胞儘快推出或擠到清洗液中，快速去除高濃度的二甲基乙碸（DMSO）並平衡細胞內外的滲透壓差，再轉移至正式之培養環境培養胚胎幹細胞。由於剛解凍之胚幹細胞團塊貼附性不高，應儘量避免搖動，即使需要在顯微鏡下觀察，也必須小心移動而不要劇烈晃動，並減少觀察頻率，待胚胎幹細胞貼附完成並向外生長後，每天或每隔天更換培養基，直到可以進行所需之試驗或繼代。

Chapter 9

幹細胞產業應用之現況與展望

陳婉昕

一、前言

　　細胞是組成人體的基本單位，人體由一個受精卵經過多次的分裂、複製、分化、成熟，最後產生二百六十餘種各具功能的組織細胞，彼此分工合作，一起執行人體的生理與其它活動，不過通常具功能性的成熟細胞，都沒有分裂繁殖的能力，而且有一定的壽命，所以要靠身體內一種特別的細胞，稱為幹細胞（stem cells），來補充壽終正寢的成熟細胞，維持身體功能的恆定。幹細胞因具有分裂、繁殖的自我更新（self-renewal）能力，以及可分化為成熟組織細胞的能力，又可取自人體，於體外培養誘導分化後，呈現人類組織細胞之特性與功能，故具有基礎醫學如胚胎發育與疾病細胞機制探討，以及臨床醫療如藥物篩選與移植醫療應用之潛力。其展現的廣大應用潛力，不僅引起研發的熱潮，各國政府均投入大量研發經費，更帶動私人資金之投入，一些與幹細胞有關之產業，包括研發市場與大家寄予厚望之醫療應用，開始形成。而幹細胞因為來源、分化潛力、分離、培養技術難易程度不同，現階段之臨床醫療應用方向與時程不盡相同，故各個公司之標的與經營模式亦有所不同，本章將就目前幹細胞相關產業之現況與未來發展，做一個簡單的介紹。

　　幹細胞於臨床上的應用約有30年的歷史，但是一直到1998年，美國威斯康辛大學的詹姆士・湯普森教授（James Tompson），第一次成功將人類胚幹細胞（human embryonic stem cells），自受精4到5天的囊胚（blastocyst）裏的內細胞團塊（inner cell mass）分離出來，於體外培養，並證明其具有萬能

分化細胞的特性，可分化為人體二百六十餘種組織細胞，於體外又可以複製、繁殖，長期培養仍保有萬能幹細胞的特性，故在全世界掀起一股幹細胞的研發熱潮，更替一些等待器官移植的重症患者，或罹患目前無法醫治疾病之患者，帶來一線曙光。這些病症，如巴金森氏症、阿茲海莫症、脊髓損傷、運動神經元疾病如漸凍人、心臟衰竭、肝臟衰竭等，此類只能看著病情惡化或是等待器官移植的疾病，都是因為組織細胞壞死，無法以現有藥物或醫療方式讓組織再生，導致組織器官的功能喪失，病患終至死亡。而幹細胞的研發，開啟了以幹細胞製造功能性細胞，修復受損或壞死組織，而治癒病症的可能性，所以幹細胞將來最大的產業，會在細胞移植醫療上的應用。而因為幹細胞可於體外繁殖培養並分化為成熟的功能性細胞，如人的心肌細胞，肝臟細胞或腦神經細胞，所以提供了寶貴而重要的人類組織細胞來源，做為藥物研發的重要工具。此外雖然幹細胞擁有上述的應用潛力，但目前多是在研發階段，也有很多在基礎醫學上的研究，所以目前幹細胞的產業，有很大一塊是在研發市場。以下將一一介紹。

二、幹細胞的特性與應用

幹細胞因為分化能力、取得的組織來源、於體外培養量產的難易度等，可分為不同種類，各有其特性，也各展現不同的應用領域與時程。一般而言，取自胚胎之幹細胞分化潛力廣，體外長期培養、量產相對容易，細胞生命週期相對較長，但有道德倫理議題，細胞需經誘導分化後才可進行移植醫療，否則會形成畸胎

瘤（teratoma），並有免疫排斥問題待解決，但其寬廣的分化潛能，是成體幹細胞所不能及的，所以吸引許多人的研究，也有一些公司投入其臨床應用包括藥物篩選與細胞移植醫療之研發，目前已有應用於藥物毒性測試的產品，而於細胞移植醫療上的應用，僅有通過美國食品藥物檢驗局（FDA）審核，正在進行第一期人體臨床試驗的案例。

成體組織的細胞分化潛力較有限，體外不易長期培養與量產，生命週期較短，但因其較無道德倫理議題，又可取自自體，直接進行細胞移植醫療，沒有免疫排斥問題，所以目前已經進行臨床試驗或甚至有產品上市的幹細胞醫療公司，多是以此為標的，尤其是取自骨髓之幹細胞，目前醫療應用最多，但是自體移植這類個人化的產品模式，因為成本昂貴，會限制將來的市場發展，所以異體移植是成體幹細胞目前研發方向之一。而骨髓間葉幹細胞因具有免疫調節之功能，可進行異體移植，故為極具潛力的應用標的，亦有些公司利用其特性，進行臨床試驗。

三、幹細胞於基礎醫學研發與臨床應用之技術發展

如圖9-1所示，幹細胞具有基礎醫學如胚胎發育與疾病細胞機制探討，以及臨床醫療如藥物篩選與移植醫療應用之潛力，針對這些應用目前正發展相關技術，包括細胞分離、培養、大量培養、分化誘導、轉譯研發（translational study）試驗、臨床前動物試驗與人體臨床試驗。要進行臨床試驗或藥物研發商品化前，這些技術的開發每個環節都十分重要，不同細胞並有不同執

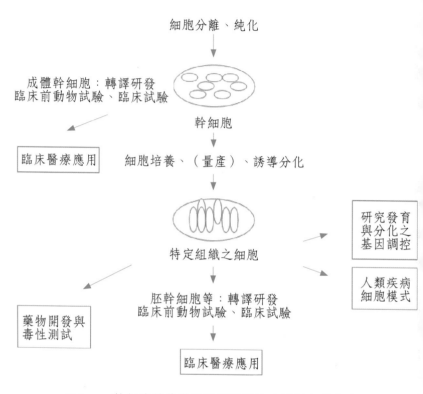

細胞分離、純化

成體幹細胞：轉譯研發
臨床前動物試驗、臨床試驗

幹細胞

臨床醫療應用　　　細胞培養、（量產）、誘導分化

研究發育
與分化之
基因調控

特定組織之細胞

人類疾病
細胞模式

胚幹細胞等：轉譯研發
臨床前動物試驗、臨床試驗

藥物開發與
毒性測試

臨床醫療應用

圖9-1　幹細胞於基礎醫學研發與臨床應用之技術發展

行方法，比如成體幹細胞要進行細胞醫療，可抽取後直接打回病人體內，不需經過培養分化，但是人胚幹細胞則必須經過誘導分化，使其失去因自發性分化形成畸胎瘤的能力後，才可進行移植醫療。而不同的應用所需細胞不同，量產上也是需要考慮的。而人類胚幹細胞與誘導式萬能幹細胞因可體外長期培養、量產相對容易，經過誘導，可分化為人體的具功能性的細胞，所以適合應用於藥物研發與毒性篩選。所以一個產品之開發，需針對不同幹

細胞種類與特性、科學上研發進展、產品最終標的,有非常清楚之瞭解,這張圖簡單介紹各種應用可能需要的相關技術,也是學術界與產業界正積極進行之研發方向。

 四、各國幹細胞研發應用相關法規

　　所有醫療或藥物產品要商業化的第一步就是要符合相關法規,幹細胞產品除要符合相關醫療法規,確保使用安全、有效性外,針對胚幹細胞,並因國情不同,有不同之研究應用相關規範,故而進行產品技術研發前,必須瞭解當地的相關規範。以下就此議題簡單介紹。

　　人類胚幹細胞因為取自受精4～5天囊胚期的的胚胎,所以有些倫理議題的考量,全世界對胚胎與胚幹細胞研究之政策規範,依各國宗教、歷史背景,規範各不相同,比如梵諦岡是禁止進行所有胚胎研究,而德國只允許用研究現有的胚幹細胞株,不得進行人類胚胎研究與製造新的胚幹細胞株,美國則在2009年歐巴馬當選總統後,履行承諾,將人類胚幹細胞研究管制鬆綁,聯邦政府經費可支助人類胚幹細胞的研究,近年來因為人類胚幹細胞研究成果展現的廣大應用潛力,各國的規範都在鬆綁,不過大家的共識是不能進行複製人之研究。而台灣行政院衛生署於2002年2月19日公告「胚胎幹細胞研究的倫理規範」使胚幹細胞研發有倫理規範可循,之後經各界廣泛、長時間討論後,於2007年8月9日修訂並公告「人類胚胎與胚幹細胞研究倫理政策指引」,全文如圖9-2所示,而相關草案則在立法院等候審議。

一、人類胚胎及胚胎幹細胞研究（以下簡稱胚胎及其幹細胞研究），應本尊重及保障人性尊嚴、生命權之原則及維護公共秩序善良風俗為之。

二、胚胎及其幹細胞研究應遵守政府有關法令之規定。

三、胚胎及其幹細胞研究不以下列方式為之：

　　㈠使用體細胞核轉植技術製造胚胎並植入子宮。

　　㈡以人工受精方式，製造研究用胚胎。

　　㈢製造雜交體。

　　㈣體外培養已出現原條之胚胎。

　　㈤繁衍研究用胚胎或將研究用胚胎植入人體或其他物種之子宮。

　　㈥繁衍具有人類生殖細胞之嵌合物種。

　　㈦以其他物種細胞核植入去核之人類卵細胞。

四、胚胎及其幹細胞來源，應為無償提供之自然流產、符合優生保健法規定之人工流產、人工生殖剩餘胚胎，或以體細胞核轉植製造且尚未出現原條之胚胎或胚胎組織。

五、胚胎及其幹細胞來源之取得，應於事先明確告知同意事項，經提供者完全理解後，依自由意願簽署書面同意書後為之。

六、以人類卵細胞進行體細胞核轉植研究，應為依法施行人工生殖之剩餘卵細胞，且經受術夫妻或捐贈人書面同意；或經告知成年婦女並取得其書面同意捐贈之卵細胞。

　　前項卵細胞之提供者，應具行為能力，且不得與計畫主持人有職務上之關係。

七、胚胎及其幹細胞研究計畫應經研究機構倫理委員會或委託其他機構之研究倫理委員會審查通過後為之。

　　前項審查，應注意下列事項：

　　㈠研究計畫須符合促進醫療與科學發展、增進人類健康福祉及治療疾病之目的。

　　㈡難以使用其他研究方法獲得成果。

　　㈢計畫內容具備科學品質並符合倫理要求。

圖9-2 人類胚胎與胚胎幹細胞研究倫理政策指引

（96年8月9日衛署醫字第09602230869公告）

五、幹細胞臨床醫療應用相關法規

　　隨著幹細胞研發進展，有些科學證據，大多是來自體外與動物試驗，顯示其於臨床移植醫療之效果，故各國紛紛進行針對幹細胞臨床醫療應用制訂相關法規，以準備其於人體醫療之驗證與實施，法規之宗旨均在於確保此細胞醫療技術於人體使用之安全與有效性。美國藥物與食品檢驗局（U.S. Department of Health and Human Services Food and Drug Administration, FDA）之中Center for Biologics Evaluation and Research（CBER）為負責規範與查驗之單位，相關規範可由網站http://www.fda.gov/cber/guidelines.htm參考「Guidance for FDA Reviewers and Sponsors: Content and Review of Chemistry, Manufacturing, and Control (CMC) Information for Human Somatic Cell Therapy Investigational New Drug Applications (INDs)」，2008年四月修訂」，歐洲則依據「Guideline on human cell-based medicinal products, EMEA, MAY 2008」（http://www.emea.europa.eu/docs/en_GB/document_library/Scientific_guideline/2009/09/WC500003894.pdf）

　　而台灣衛生署則於2010年1月1日成立食品藥物管理局，簡稱TFDA（http://www.fda.gov.tw/），主管細胞治療相關法規，根據2003年公告「體細胞治療人體試驗申請與操作規範」執行（衛署醫字第〇九二〇二〇二四七七號公告，全文詳網址http://dohlaw.doh.gov.tw/Chi/FLAW/FLAWDAT01.asp?lsid=FL027594）。

100年2月22日公告「體細胞及基因治療臨床試驗計畫申請作業流程（草案）」及「體組織治療臨床試驗基準（草案）」，2012年更著手草擬「人類細胞治療產品查驗登記準則（非臨床部份的草案）」，以確保細胞產品之安全與有效性。並於另外針對「細胞與材料/藥物」或者是「細胞與醫療器材」之複合產品，則除細胞本身受此規範，與其並用之產品亦需合乎其於人體使用之規範。

六、幹細胞產業現況

自從1998年美國科學家詹姆士‧湯普森（James Thomson）第一次成功於體外分離培養人胚幹細胞後，因其展現的生長與分化潛力，對於許多目前沒有藥物或醫療方式的重症疾病，開啟了無限的醫療新希望，故而在全世界引起一股對幹細胞研發之熱潮，各國政府紛紛投入大量研究資源，而民間資金亦隨之投入，私人公司開始成立，一股新興的產業悄悄萌芽。

政府經費的投入方面，美國聯邦經費中，NIH於2006年於幹細胞相關研發經費共美金6.43億元（約台幣212億），而加州政府於2005年底通過公投，同意舉債，每年2.95億美元（約97億台幣）共十年，支助幹細胞研發經費，包括人胚幹細胞與成體細胞，此舉不僅吸引許多科學家，也促成一些幹細胞相關公司於加州的成立與研發。而日本則於2010年3月，由世界頂尖創新研發科技4年期計畫（Funding program for World-Leading Innovative R&D on Science and Technology, FIRST），支助京都

大學（Kyoto University）的山中伸彌（Shinya Yamanaka）教授，共50億日圓，從事有關幹細胞，尤其是誘導式萬能幹細胞（induced pluripotent stem cells）的基礎與臨床應用研究。另外英國、以色列、瑞典、新加坡、加拿大、韓國與中國在這方面也很積極。

根據Frost & Sullivan 2004的市場報告，全球共有超過200個公司與學術機構從事幹細胞相關研發工作，並快速成長。而據統計全球直接從事幹細胞研究與產品開發的，較有規模的公司在2004年大於50餘家，雖然有些公司因資金耗盡而倒閉，但又有更多成立，故至2006年已超過100家，這些公司，尚不包括提供幹細胞研發試劑、工具的公司。而公司標的包括人胚幹細胞與成體幹細胞，應用領域涵蓋細胞儲存（cell banking），細胞放大，藥物研發，藥物毒性測試與細胞醫療。這些公司最終目標大多是進行細胞醫療，但在這長期研發時程之中，因為公司資金籌募之故，為維持公司持續之經營，有許多營運模式，其中一種是混合商業模式，即利用既有正在開發之技術，順便提供服務以賺取收益，例如Cambrex Bioscience以其分離間質幹細胞之技術提供販售人骨髓間質幹細胞，以及培養液，並提供cGMP設備供人類細胞之生產，於2006年被美國Lonza公司併購。又如Cellartis AB販售開發之人胚幹細胞株與繼代培養切割工具。另外這一、二年有些具潛力的小公司，被大公司收購。

茲依公司產品應用領域，將幹細胞相關產業與公司分成三類介紹之：

(1)開發幹細胞研發所需之試劑與工具的公司

幹細胞許多領域都還在研發階段，所以如培養液、培養基質、抗體、細胞來源、細胞生長與分化所需之生長因子與試劑等，目前需求量極大，如前所述，各國政府與民間甚至公司挹注龐大經費於幹細胞之研發，且金額正急速增加中，其中有大半經費將會用於採購研發耗材，包括試劑與工具等，所以幹細胞的研發市場是目前極大的一個產業契機，原本經營細胞研發試劑的公司，紛紛投下大量資金，採取不同策略，希望可以搶攻幹細胞之研發市場。以培養液為例說明之，見表9-1。

表9-1　細胞培養液等相關試劑2005年營業額與市占率前幾名的公司

公司	2005年營業額 單位：億美元	市場佔有率 百分比
Invitrogen	$4.62	36%
Sigma-Aldrich	2.62	20%
Fisher Scientific	1.90	14%
Cambrex	1.50	11%
Serologicals	1.36	10%
Others	1.00	9%
Total	13	100%

表9-1顯示2005年細胞培養液等相關試劑年營業額與市占率前幾名的公司，分別是名列第一的Invitrogen，市占率36%，2005年營業額4.62億美金（約台幣153億元），Sigma-Aldrich第二，市占率20%，2005年營業額2.62億美金（約台幣87億

元），而Serologicals則以市占率10%，年營業額1.36億美金
（約台幣45億元）居於第五，由表9-1可知，此公司2005年併購
Specialty Media，並與專營幹細胞研發試劑的Chemicon公司合
併，而後於2006年被Millipore併購，之後這二、三年Millipore
積極切入幹細胞研發市場，藉由併購專營幹細胞研發試劑、工
具，如培養液、培養基質、生長因子LIF（Leukemia inhibitory
factor）與幹細胞特有抗體等的公司Serologicals Corporation_
Chemicon，使其能快速跨入此領域，並率先於2007年上旬推
出第一個無異種成分（Xeno-free）的人胚幹細胞培養液，以及
神經幹細胞（neuron stem cells），而於2010年3月被德國默克
（Merck）集團併購。而Invitrogen則於2006年6月宣布，已向全
球最大的人胚幹細胞研發公司Geron Corporation取得授權，可
開發、製造與銷售人胚幹細胞培養相關試劑，於2007年下半年
推出人胚幹細胞無滋養層培養液與基質，之後陸續推出人類間質
幹細胞無血清、無異種動物成分的培養液。另外Sigma-Adrich
於2006年10月宣布已開發一種神經幹細胞增生之培養液。

(2)開發幹細胞技術產品應用於藥物毒性測試與藥物研發

利用人幹細胞可分化為成熟有功能性的組織細胞之特性，使
其成為人的組織細胞，可提供體外測試平台，進行藥物有效性
與克雷格·貞納瑞（安全性測試。例如Cellular Dynamics Inter-
national. Inc（http://www.cellular-dynamics.com/），這個2005
年由詹姆士·湯普森（James Thomson）（全世界第一個成功於
體外分離培養人胚幹細胞的科學家），克雷格·貞納瑞（Crig

January）與提姆・坎普（Tim Kamp）等科學家與Tactics II創投成立的公司，利用湯普森與坎普開發的技術，將人胚幹細胞與誘導式萬能幹細胞誘導分化為人心肌細胞（cardiomyocytes），希望能應用於藥物安全與有效性的篩選，包括對心臟之毒性測試，提升藥物臨床試驗的成功率，透過取得京都大學山中伸彌教授於誘導式萬能幹細胞的專利授權，發展出的產品iCell™Cardiomyocyte已獲得羅氏大藥廠（Roche）採用於藥物開發的心臟毒性測試上，公司並陸續推出誘導式萬能幹細胞分化之內皮細胞iCell™Endodthelial cells與iPSCs分化之神經細胞iCell™Neurons等產品，應用於藥物開發、毒性測試與疾病模式探討。而瑞典公司Cellartis AB（http://www.cellartis.com/）亦致力開發人胚幹細胞技術應用於藥物研發與毒性測試以及再生醫學，第一階段為誘導分化為肝臟細胞與心肌細胞進行藥物研發與毒性測試，並與藥廠AstraZeneca合作。輝瑞大藥廠（Pfizer）也開始應用幹細胞衍生之細胞於藥物研發上。

(3)開發幹細胞技術與產品應用於細胞治療

細胞治療是所有幹細胞公司的最終目標，根據2006 cell therapy commercialization D&MD市場調查報告，目前細胞治療市場美國約為2億美金，歐洲為3億美金，並快速成長當中，預估至2011年美國約為2.8億美元，歐洲為4.6億美元，其中人胚幹細胞占約20%成體幹細胞約45%，細胞移植相關器材用品占20%。而根據stem cell analysis and market forecast 2006-2016報告，全球幹細胞相關產品市場在2011年為13億美元，2016年

將會達80.5億美元,而治療標的以整形外科(orthopedic indications)占最大比例約為30-40%,其次是糖尿病,抗發炎,神經修復,心血管疾病,牙科治療與其他疾病。根據Business Insights 2011年的市場報告,全球已有250個幹細胞治療的人體試驗,共有1萬3千多個病人進行了試驗,初期是在心血管疾病的治療包括急性心肌梗塞、心臟衰竭,而後擴展至脊髓損傷、缺血性中風等疾病。

表9-2列出幾個已有細胞治療產品上市之公司,表9-3則是細胞治療產品已進入臨床試驗之公司,表9-4為以人胚幹細胞相關技術為產品並積極進行細胞治療技術產品開發的公司,主要是幹細胞治療的公司,由這些資料可看出目前已有產品或以進入臨床試驗者多是利用成體幹細胞,其中又以間質幹細胞為主,治療標的主要是心臟(尤其是心肌梗塞)、中樞神經、軟硬骨之修復。而美國Osiris Therapeutics更利用骨髓間質幹細胞有免疫調節功能的特性,開發應用於醫療移植排斥引起的嚴重反應(Graft-versus-host disease),且已進入臨床試驗第三期,表示已通過第一期安全性測試,第二期小樣本有效性測試,所以可進入第三期大樣本有效性測試,一般來說,第三期試驗結果證實有效、安全後,技術產品即可上市。

表9-2　有細胞治療產品上市的公司

公司／所在地	細胞種類	治療標地	產品狀況／商品名
Genzyme Cambridge，美國	軟骨細胞（Chondroeytes）	修復軟骨損傷（cartilage defects）	上市（Carticel）
CellTran Shefield，英國	角質細胞（Keratinoeytes）角膜細胞（corneal cells）與黑色素細胞（melanocytes）	燒燙傷，糖尿病引起之創傷	上市（Myskin）a polymer combincd with autologous keratinocytes
Organogenesia Cunton，美國	角質細胞（Keratinocytes）與纖維母細胞（fibroblasts）	慢性創傷	上市（Apligraf）
Thern Vane Bangknik, Thailand and Ness Ziona，以色列 http://www.theravitae.com	周邊血裏的血管生成前軀細胞（Angiegenic precursor cells from peripheral blood）	心臟疾病	上市（VesCell，泰國）
ViaCell Cambridge，美國 2007年被Perkin Elmer. Inc併購	臍帶血幹細胞（Cord blood scem cells）	血液疾病，心臟疾病、糖尿病、中風	上市（Viacord, pcdiatric traniplantation produce）
Vet-Sterr. Poway，美國	馬匹的脂肪組織幹細胞（Horse adipoac-derived stem cells）貓與狗的脂肪組織幹細胞	修復馬匹、貓、狗的韌帶、肌腱損傷與退化性關節炎	上市（Vet-Stem Stat stcrn cell collection and trnnaplaat acrviec for horses）

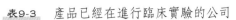

表9-3 產品已經在進行臨床實驗的公司

公司／所在地	細胞來源	治療標的	臨床試驗狀況
TiGenix Leuven，比利時	軟骨細胞與間質幹細胞（Chondrocytes and MSCs）	骨關節炎，軟骨、心肌損傷，肌肉萎縮	Phase III ChondroCelect for autologous chondrocyte transplantation
Aastrom Biosciences Ann Arbor，美國 http://www.aastrom.com/	骨髓幹細胞（Bone marrow-derived stem cells）	骨頭移植、血管組織、軟骨組織修復	Phasel & III for treating long bone fractures (US, Spain), tibial fractures (Germany) Phase I/II for bone grafting Phase I/II for jaw reconstruction Phase I for ischemia
Osiris Tberapeutics Baltimore，美國 http://www.osiristx.com/about.php	骨髓間質幹細胞 MSCs from bone marrow	移植排斥引起的嚴重反應（Graft-versus-host disease）、心肌受損、新月形膝關節受損	Phase III (US) (US) Phase I/II (US)
BioHeart Sunrise，美國	骨骼肌（Skeletal musele cells）	心肌梗塞引起心臟衰竭	Phase I/II (US, Europe)
Gen Vee Gaithersburg，美國	骨骼肌之肌肉母細胞（Myoblasts from skeletal muscle）	心臟衰竭	Phasel

公司／所在地	細胞來源	治療標的	臨床試驗狀況
Stem Cells Palo Alto，美國	由腦、肝臟與胰臟取得之神經幹細胞（Neural stem cells from brain, liver, and pancreas）	中樞神經併發症引起的代謝異常	IND
Vesta Therapeutics Durham，美國	肝細胞與肝臟前船細胞（Hspatosytes and hepatocyte progenitor cells）	肝臟疾病	Phase I (US)

表9-4　以人胚幹細胞相關技術為產品的公司

公司	經營方向
Geron Menlo Park, California and Edinburgh，美國 http://www.geron.com/ Nasdaq:GERN	1.以人胚幹細胞相關技術進行細胞治療脊髓損傷、心衰竭、糖尿病、關節炎等 2.藉由調控染色體終端酵素進行包括癌症之醫療（telomerase regulation therapeutics）
ES Cell International Singapore，新加坡 http://www.escellinternational.com/	1.以人胚幹細胞相關技術進行細胞治療糖尿病、心衰竭、退化性神經病變 2.提供人胚幹細胞株
Cellartis AB Goteborg, Sweden http://www.cellartis.com/	1.開發人胚幹細胞技術應用於藥物研發與毒性測試 2.人胚幹細胞量產與品質提升 3.提供人胚幹細胞株

公司	經營方向
Advance cell technology Mariborough, Massachusetts，美國 http://www.advancedcell.com/	1.開發人胚幹細胞分化為視網膜色素上皮細胞，應用於退化性視網膜疾病，已通過美國FDA與歐洲的臨床試驗審查，開始進行第I/II的人體試驗

　　表9-4則是列出以人胚幹細胞相關技術進行細胞治療為產品的公司，其中最大的是美國那斯達克（Nasdaq）股票上市公司Geron，它開發利用人胚幹細胞衍生細胞進行移植醫療的技術與產品之腳步，居於世界之冠，公司經營策略是與學術、研發機構密切合作，其豐富優異的期刊論文，包括數篇在Nature Biotechnology, The Journal of Neuroscience, Stem cells等知名國際期刊發表者，以及佈局完整、品質優良的專利，涵蓋了人胚幹細胞培養、分化、移植排斥、醫療應用等範圍，醫療應用中含括了神經、心臟、軟硬骨、肝臟、糖尿病等疾病，使得公司發展有極為優厚、獨特的利基，這也是為何Invitrogen要於2006年向其取得授權，開發、製造與銷售人胚幹細胞培養相關試劑。Geron並率先在2004-2005年著手建立GTP等級細胞，並與University of California at Irvine 的Hans S. Keirstead合作，將人胚幹細胞分化為寡突前軀細胞（oligodendrocyte progenitor cell），而後將人胚幹細胞衍生的寡突前軀細胞（human embryonic stem cell-derived oligodendrocyte progenitor cell）植入脊髓損傷的大鼠體內，發覺可以幫助修復受損神經並恢復運動功能（locomotion），所以2007年即向美國FDA提出臨床試驗申請，計畫利用

人胚幹細胞衍生的寡突前軀細胞，移植醫療急性脊髓損傷的病人，歷經2年的審查，有更多的實驗證據證實不會在動物體形成畸胎瘤（teratoma）等安全性問題，終於在2009年1月，FDA通過准許進行人體臨床試驗，此為全球第一個人胚幹細胞衍生細胞技術應用於細胞移植醫療之產品，Geron在這方面，確實是開路先鋒，但是開路先鋒篳路藍縷，2011年底Geron宣布要關閉人胚幹細胞相關部門，並尋求有興趣承接技術與臨床試驗的公司。所以目前美國的Advance cell technology公司，開發人胚幹細胞分化的視網膜色素上皮細胞，應用於退化性視網膜疾病的治療，已於歐洲、美國、加拿大等地進行臨床第一期試驗，將有可能成為第一個人胚幹細胞衍生細胞之細胞治療產品。

ES Cell International則是利用澳洲莫爾本大學的人胚幹細胞技術，在新加坡成立的公司，新加坡政府投入相當多經費，也是最大股東，除了建立的人胚幹細胞株，於2006年宣布建立了無異種源污染的、GTP等級的細胞株，可供臨床應用，公司也致力於利用人胚幹細胞技術治療糖尿病。Cellartis AB除了之前所述開發人胚幹細胞技術應用於藥物研發與毒性測試，也擁有30多個人胚幹細胞細胞株，其中2個是可於美國聯邦政府經費支助下使用的，並有全世界第一個無異種源污染的人胚幹細胞細胞株，公司並致力於人胚幹細胞量產與品質提升，包括發展自動化培養系統，公司的經營策略是與學術界或產業界其他公司合作開發，其於藥物研發應用上與AstraZeneca合作。

總結以上幹細胞相關產業狀況，可看到這個新興領域，在研發市場、藥物研發、毒性測試以及細胞治療均有些產業與公司開

始發展，研發市場目前多是些大公司投入，但藥物研發、毒性測試以及細胞治療多是新成立的公司，而在幹細胞移植醫療方面，成體幹細胞已有些產品，也有許多在有明確法規的國家如美國，進行人體臨床試驗，甚至已經到第三期；人胚幹細胞則正在起步階段，全世界第一個案例也已經在美國通過FDA審核，由Geron進行人體臨床試驗，另外一個案例則由Advance cell technology公司在進行。綜觀目前全世界於幹細胞科學研發與公司之技術發展，可見的未來，幹細胞必定會成為一個有潛力的新興產業。

理工推薦熱賣：
必備精選書目

儀器分析原理與應用

作　者　施正雄
國家教育研究院主編
ISBN　978-957-11-6907-1
書　號　5BE9
定　價　1000

本書特色

　　本書共二十七章，除第一章儀器原理導論外，其他各章概分六大單元，包括一般儀器分析所含之光譜／質譜、層析及電化學等三主要單元及特別加強介紹的「微電腦界面」、「電子／原子顯微鏡」／「放射（含核醫）及生化（含感測器及生化晶片）／環境和熱分析」等三單元。

光學與光電導論

作　者　林清富
ISBN　978-957-11-6830-2
書　號　5DF1
定　價　480

本書特色

　　本書主要做為光學與光電知識的入門書籍，以深入淺出的方式，探討光學與光電領域的一些基本原理和相關應用，可做為入門課程的教科書，也可應用到研究工作上。內容從光的研究歷史談起，接著討論光對現代科技的影響。再來就從幾何光學、波動光學、光子等角度探究光的特性和相關原理，之後深入探討光與物質的交互作用，包括有不具能量交換和具能量交換的交互作用，然後探討運用這些原理所製作的各類光學元件、光電元件以及光電系統等等，包括有透鏡、光柵、照明光源、發光二極體、雷射、顯示器、數位相機、太陽能電池、光通訊系統等等。希望此書可以讓讀者一窺光學與光電領域的全貌，也能夠為讀者奠立良好的光學與光電基礎。

線性代數—基礎與應用

作	者	武維疆
I S B N		978-957-11-6898-2
書	號	5BG0
定	價	450

本書特色

1. 定義嚴謹，論述完整而簡潔，注重觀念分析，適合作為大學線性代數之教科書，亦適合工程師及研究人員作為工具書。

2. 包含作者多年之教學心得，配合豐富多樣之例題說明，以及精彩之解題技巧，使讀者易學易懂。

3. 內容完整，由淺入深，包含大學生應具備之基礎知識以及研究生應具備之入門知識。

4. 完整收錄國內各大學相關系所研究所考古題，為有志升學者必備之工具書籍，並提供讀者正確之準備方向。

快速讀懂日文資訊(基礎篇)—科技、專利、新聞與時尚資訊

作	者	汪昆立
I S B N		978-957-11-6262-1
書	號	5A79
定	價	420

本書特色

　　日本的科技技術並不亞於歐美國家，甚至在某些方面更為超越，因此獲取其相關資訊，是了解最新科技發展技術與知識的最佳途徑。有感於日文對研究發展之重要性，本書匯整學習科技日文所需的相關知識，撰寫方式以非熟悉日文讀者為對象，由五十音、日文的電腦輸入與查詢、助詞的基本用法、動詞的基本變化、長句的解析、科技日文中常見的語法及用法等，作出系統整理；對於日本資訊抱持興趣、卻因看不懂坊間文法書而不得其門而入的讀者，藉由本書將有助短時間內學會如何看懂日文科技資訊，甚而進一步引發對語言的興趣，為一知識與實用兼具之日文學習書。

最佳課外閱讀：
閱讀科普系列

當快樂腳不再快樂 —認識全球暖化

作　者	汪中和
ISBN	978-957-11-6701-5
書　號	5BF6
定　價	240

 本書特色

是災難？還是全人類所要面對的共同危機或轉機？

台灣未來因氣候暖化，海平面不斷升高，蘭陽平原反而在下沉，一升一降加成的效應，使得蘭陽平原將成為台灣未來被淹沒最嚴重的區域，我們應該要正視這個嚴重的問題，及早最好完善的規劃。全書以深入淺出方式，期能喚醒大眾正視全球暖化議題，針對現階段台灣各地區可能會因全球暖化所造成的衝擊，提出因應辦法。

伴熊逐夢—台灣黑熊與我的故事

作　者	楊吉宗
ISBN	978-957-11-6773-2
書　號	5A81
定　價	300

本書特色

本書為親子共讀繪本，內文具豐富手繪插圖、全彩，並標示注音，除可由家長陪伴建立孩子對愛護動物及保育觀念，中、低年級孩童亦能自行閱讀。

作者以淺白易懂的文字，讓讀者皆能細細體會保育動物－台灣黑熊媽媽被人類馴化、黑熊寶寶的孕育，直至最後野化訓練。是為最貼近台灣黑熊的深情故事繪本。

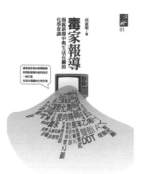

毒家報導－揭露新聞中與生活有關的化學常識

作　者　高憲明
ＩＳＢＮ　978-957-11-6733-6
書　號　5BF7
定　價　380

本書特色

　　本書總共分成十個課題，藉由有機食品與有機化學之間的連結性，展開一趟結合近年來新聞報導相關的生活化學之旅，透過以輕鬆詼諧的口吻闡述生活及食品中重要的化學物質，尤其是對食品添加物潛藏的安全危機多所著墨，適用的讀者對象包含一般社會大眾及在學學生。

可畏的對稱。
現代物理美的探索。

可畏的對稱—現代物理美的探索

作　者　徐一鴻
譯　者　張禮
ＩＳＢＮ　978-957-11-6596-7
書　號　5BA7
定　價　280

本書特色

　　本書介紹愛因斯坦和他的追隨者們，通過一個世紀的努力建構了近代物理學基礎理論的框架。他們將對稱性作為指導原則，並深信這是揭示自然基礎設計秘密的鑰匙。

　　內容第一部份從藝術、建築、科學到物理學的弱作用宇稱不守恆等領域，探討對稱性與建築設計，進而到自然界基礎規律的設計關係；第二部份介紹愛因斯坦在創立相對論的過程中所得出的「對稱性指揮設計」的觀點；第三部份介紹對稱性在認識和詮釋量子世界中所取得的成果；第四部份介紹楊－米爾斯規範理論並將對稱性思想再次引入基礎物理學的舞台，同時在此基礎上進一步探求宇宙的「最終設計」及所遇到的問題。

博雅科普 07

您不可不知道的幹細胞科技

作　　　者　沈家寧（102.4）、郭紘志、黃效民、謝清河、賴佳昀、吳孟容、張苡珊、
　　　　　　蘇鴻麟、潘宏川、林欣榮、陳婉昕
發 行 人　楊榮川
總 經 理　楊士清
總 編 輯　楊秀麗
主　　　編　王正華
責任編輯　金明芬
封面設計　郭佳慈、姚孝慈
出 版 者　五南圖書出版股份有限公司
地　　　址　106 台北市大安區和平東路二段 339 號 4 樓
電　　　話　(02)2705-5066
傳　　　真　(02)2706-6100
劃撥帳號　01068953
戶　　　名　五南圖書出版股份有限公司
網　　　址　http://www.wunan.com.tw
電子郵件　wunan@wunan.com.tw
法律顧問　林勝安律師事務所 林勝安律師
出版日期　2017 年 10 月二版一刷
　　　　　　2020 年 5 月二版二刷
定　　　價　新臺幣 320 元

國家圖書館出版品預行編目資料

您不可不知道的幹細胞科技 / 沈家寧等著 -- 初
版 . -- 臺北市 : 五南 , 2017.10
　面；　公分

ISBN 978-957-11-9372-4 (平裝)

1. 細胞工程　2. 幹細胞　3. 文集

368.507　　　　　　　　　　　106014900